KAI HARTMANN

Klar kommunizieren,
freudig erziehen,
verlässlich führen.

MIT KOSMOS MEHR ENTDECKEN
VOM
MÜSSEN
ZUM
WOLLEN
SEIT 1822

HUNDE — ERZIEHEN

Mit der 5er-Basis

KOSMOS

INHALT

Zum Geleit

Lieber Kai, unzählige Male haben wir darüber gesprochen, dass du alle deine Erfahrungen der letzten zehn „Hundejahre" und daraus resultierende Erkenntnisse aufschreiben solltest, um jedem Hundehalter Fehler zu ersparen und den direkten Weg in ein ausgeglichenes, liebevolles Miteinander auf Augenhöhe zu vermitteln. Und da war er, der Anruf des Verlages, der auf dich aufmerksam wurde. Zufälle gibt es nicht, also schien es genau die richtige Zeit für dein Buch zu sein. Nun liegt das Skript vor mir, ein Werk mit einleuchtenden theoretischen Grundlagen und konkreten Handlungsschritten für ein harmonisches Leben zwischen Zwei- und Vierbeiner, kurzum: eine Bedienungsanleitung zum Glücklichsein von Mensch und Hund.

Ich weiß, wie viele Menschen täglich bei dir Rat und Hilfe suchen, doch bevor man mit der Praxis starten kann, ist es nötig, alles in irgendeiner Form zu durchdenken. Dazu bietet dieses Buch die Möglichkeit und schafft mit ganz einfachen Schritten Klarheit im Wirrwarr der Kommunikation zwischen den verschiedenen Methoden.

Auch ich kam vor einigen Jahren als Kundin hilfesuchend zu dir mit einem großen Ziel: Der Hund soll überall frei sein können, ohne bei jeder Gelegenheit auszubüxen. Deine Sicht auf den Hund brachte mich nach einer Weile selbst auf diesen wunderbaren und respektvollen Weg, den ich ohne dich nicht hätte beschreiten können.

Allen vorweg bist du mir stets ein positives und überzeugendes Beispiel, denn du lebst, was du vermittelst – eine harmonische Partnerschaft –, und man sieht und spürt deine tiefe Verbundenheit zu Hunden. Einmal erlebt, wie freudig dir deine eigenen und sogar fremde Hunde folgen und fröhlich gehorchen, wollte ich das unbedingt auch haben! Logisch aufgebaut beschreibst du in diesem Buch, wie das jeder erreichen kann, sodass keine Fragen offenbleiben. Auf diese Weise werden Hunde zu freien und aufgeschlossenen Gefährten. Nicht, weil wir sie dazu „überredet" haben, sondern weil sie gern folgen wollen.

Hat jemand den tiefen Wunsch, mit seinem Hund in ein wundervolles Miteinander zu starten, dann ist der Erfolg mit dieser Anleitung garantiert. Denn so, wie du selbst für deine und alle anderen Hunde brennst, so kann es dir jeder gleichtun. Sind die Zeilen dieses Buches erst einmal ins Unterbewusstsein eines Hundebesitzers gelangt, so ändert sich auch seine grundsätzliche Einstellung dem Hund gegenüber und er kann ihm mit einem neuen Bewusstsein gegenübertreten. So ging es auch mir. Als ich zu dir kam, hatte ich einen völlig überdrehten Australian-Shepherd-Welpen im Schlepptau. Er konnte gut Pfote geben, machte Sitz und Rollen und konnte winken. Doch biss er bei jeder Gelegenheit zu, schlief kaum, knurrte Kinder an und jagte kleine und große Tiere. Wohlgemerkt war ich

Nancy Wendler und ihr Australian Shepherd „Frodo“ – ein tolles Team.

damals bereit, diesen Hund wieder abzugeben, wenn sich nicht schnell etwas änderte. Doch bei jedem Treffen mit dir lernte ich mehr dazu – und zwar über mich selbst. Bis mir diese neue Einstellung und Sicht auf den Hund in Fleisch und Blut überging, dauerte es eine Weile, doch erste Fortschritte waren bereits nach drei Tagen sichtbar. Und diese Erfolge trieben mich stetig an. Mein Hund wurde zu meinem Herzen und meiner Seele. Plötzlich fallen wir überall positiv auf, da er mir frei folgt, bei mir bleibt und immer so lustig dabei hüpft. Sogar zur Arbeit in die Schule darf er mich durch deine Hilfe begleiten. Die von dir vermittelte Lebenseinstellung hat sich tief in meinem Bewusstsein verankert und macht mich und meinen Hund glücklich. Und das wünsche ich auch anderen Hundebesitzern. Du bringst in diesem Buch die Kommunikation zwischen Menschen und Hunden auf den Punkt. Geht ein Veränderungsprozess auch manchmal mit Rückschlägen einher, schaffst du es immer, zu motivieren und zielstrebig zu bleiben. Danke für deine herausragende Geduld und deinen Sinn für gutes Entertainment, mit dem du jederzeit ein Lachen in die Gesichter der Menschen zauberst. Danke für deine beeindruckende Geduld und deine Gelassenheit, mit der du deine Kenntnisse an Menschen vermittelst. An all deinen Ideen, Planungen und Fotoshootings durfte ich teilhaben, ebenso hast du dein Wissen mit mir geteilt, wofür ich dir ebenfalls sehr dankbar bin.

Deine Kundin, Freundin und Kollegin

Nancy Wendler

Noch ein Buch?!

Mit diesem Buch möchte ich dir meine Gedanken, Erlebnisse und Lösungen beschreiben, die ein Weg in das harmonische Leben mit deinem Hund sein können. Dabei habe ich meine Sicht der Dinge so aufgeschrieben, wie sie mir notwendig erscheint. Schön wäre es, wenn du diesen Weg auch so mit mir gehst. Da alles mit allem etwas zu tun hat und alles miteinander in Verbindung steht, schaffst du es vielleicht, nicht nur schnell an die Stelle zu springen, an der du eine Lösung für deine Probleme erwartest. Wenn du nicht so viel Zeit hast und nur eine schnelle Lösung suchst, kannst du direkt zur Seite 83 weiterblättern, auf der du eine Antwort auf deine Fragen findest und die Grundessenz aller Tricks und Kniffe erhältst. Du kannst mir aber auch bei meinen Gedanken von Anfang bis Ende folgen und dir die Dinge mitnehmen, die für dich passend sind. Den Rest wirf über Bord. Ich möchte dieses Buch gern einfach und kurz halten, ohne viel Fachsprache, und hoffe, dich so wirklich zu erreichen.

Füreinander da sein, aufeinander aufpassen – ein Leben mit Hund.

»Dein Leben mit Hund ist geprägt von täglicher Selbsterkenntnis.«

DEIN HUNDELEBEN

Auf diesem Weg möchte ich dich mit meinem Buch gern ein Stück begleiten. Die Handlungen deines Hundes entspringen zum Großteil aus Gefühlen und Emotionen, die dir sehr gut bekannt sind. Dein Hund ist dir dabei viel ähnlicher, als du denkst. Ich sehe den Hund als ein hoch soziales Lebewesen und nicht als eine reine „Reiz-Reaktion-Maschine“. Ein Hund ist

Gemeinsam die Welt entdecken in einem sicheren Rahmen.

»Werde zum Original und zur Vertrauensperson, an der sich dein Hund gern orientiert. Es ist nicht schwer und alles, was du wirklich dazu brauchst, trägst du schon in dir.«

auch kein Hobby, kein Zeitvertreib und kein Sportgerät. Das Leben mit Hund ist eine Lebenseinstellung. Entweder lebe ich mit oder ohne Hund. Punkt.

In deinem Leben mit Hund bewegst und berührst du deinen Hund im täglichen Miteinander, aber im besten Fall bewegst und berührst du dich dabei auch selbst. Was mir am Herzen liegt, ist, dass Menschen nach einem Treffen mit mir gestärkt, motiviert und immer auch mit einem neuen Blick auf ihren Hund nach Hause gehen. Dabei möchte ich ihnen viel Mut und Vertrauen schenken, ihren eigenen Weg zu gehen.

Ich bin mir sicher, dass du es schaffst, deinen Weg zu finden. Es gibt eben nicht den Einheitsdeckel, der sich über alles stülpen lässt. Es gibt klare Grundzüge, die das WAS regeln, das „WAS du tun solltest", damit dein Hund dich verstehen kann. Das WIE hängt jedoch immer vom individuellen Einzelfall ab. Über das WIE bringst du dich mit all deinen Stärken, Schwächen und Vorlieben in diese Beziehung ein. Fühlt es sich für dich nicht richtig an, wirst du es auch deinem Hund nicht authentisch vermitteln können. Deshalb ist folgende simple Frage im ersten Schritt von enormer Bedeutung: Was willst du wirklich?

Ein schönes Gefühl, mit aufmerksamen Hunden unterwegs zu sein.

MEIN HUNDELEBEN

Mit diesem Buch möchte ich auch meine individuelle Sicht auf die Hunde mit dir teilen. Durch meine beiden Hunde Santa und Mc Dreamy habe ich mich vor zehn Jahren auf den Weg gemacht, etwas zu suchen, von dem ich am Anfang noch nicht so recht wusste, was es denn ist. Unser Miteinander hatte sich nicht gut angefühlt, doch ich konnte damals noch nicht richtig beschreiben, was denn nun ganz konkret gefehlt hat. Mit einem acht Wochen alten Hund bin ich sofort in die Arbeit in einer Rettungshundestaffel gestartet. Das war auch der Grund, warum ich mir einen Hund in mein Leben geholt habe.

»Was ist deine Motivation? Warum hast du einen Hund in dein Leben geholt?«

Santa – mein Kumpel, auf den ich mich immer verlassen kann.

Ich wollte mit ihm gemeinsam Gutes tun und anderen Menschen helfen. Das war meine Motivation, mit der Santa und ich uns kennenlernten. Bei der Arbeit war Santa top. Er hat schnell verstanden, worum es geht. Zeigte mit Ausdauer und überschäumendem Eifer sehr fix ausgezeichnete Leistungen. Im sozialen Zusammenleben gab es dafür viele Defizite. Er zog an der Leine, motzte Briefträger an, ging allen Hunden auf den Geist und hatte darüber hinaus noch täglich weitere verhaltensoriginelle Ideen in seinem Kopf. Wer uns heute gemeinsam erlebt, kann sich das nicht mal mehr im Ansatz vorstellen.
Und so machte ich mich daran, zu lernen, zu beobachten, zu hinterfragen, zu übernehmen, zu verändern und meinen Weg zu finden. Das ging nicht von heute auf morgen, aber nachdem ich wesentliche Erkenntnisschlüssel entdeckt hatte, lief es ganz schnell rund. Das bemerkten auch andere Hundefreunde und ich wurde immer öfter um Rat gefragt, weiterempfohlen und konsultiert, wenn der Hund nicht das machte, was der Mensch sich vorstellte. Was lag da näher, als aus meiner großen Leidenschaft mein Leben zu machen?! Habe ich doch in meinem „ersten" Leben schon sehr erfolgreich mit Menschen zusammengearbeitet, sie geschult, gecoacht und zum Erfolg begleitet. Damals war das Produkt ein Autoreifen. Schwarz und rund. Jetzt dreht sich alles um den Hund, aber noch immer steht der Mensch für mich im Mittelpunkt meiner Arbeit. Macht doch auch der Mensch immer irgendwie den Hund.

Das Zitat von Dr. Erik Zimen: „Soll sich der Hund in seinem Verhalten verändern, muss sich zunächst der Mensch verändern", ist daher mein ständiger Begleiter und Wegweiser, an dem ich mich in meiner täglichen Arbeit immer gern orientiere.

BASICS
– DIE GRUNDLAGEN

Nur einem aufmerksamen Hund kannst du unsere Welt erklären.

Fünf wesentliche Dinge – die 5er-Basis

Ich habe festgestellt, dass es nur fünf wesentliche Dinge sind, die ein Hund braucht, um mit seinem Menschen harmonisch durch die Welt zu gehen.

1. DIE ANSPRACHE – DER NAME

Als Erstes ist es unbedingt nötig, dass dein Hund dir zuhört und auf seinen Namen reagiert. Nur einem Hund, der dir zuhört, wirst du in der Folge alle weiteren Dinge vermitteln können, die dir wichtig sind. Er muss dein Gespräch annehmen. Immer. Einem Hund, der dir nicht zuhört, wirst du nichts beibringen können. Niemals.

2. DAS STEHEN

Als Zweites solltest du mit deinem Hund gemeinsam stehen können. Das bedeutet: Stehst du, steht auch dein Hund. Dabei ist es völlig unerheblich, ob dein Hund tatsächlich gerade steht, liegt oder sitzt. Er verlässt dich nicht, mit oder ohne Leine. Auch wenn eine Katze oder ein Artgenosse seinen Weg kreuzt, bleibt er bei dir. Er bleibt ebenfalls ruhig an deiner Seite, wenn du andere Menschen begrüßt.

Gemeinsam stehen heißt immer auch gemeinsam füreinander einzustehen.

Das Gehen muss leicht sein und Freude machen.

Mal ganz allein für sich zu sein, ist auch wichtig.

3. DAS GEHEN

Als Drittes geht dein Hund mit dir gemeinsam, egal ob er dich mit oder ohne Leine begleitet. Er bleibt bei dir. Auch dabei lässt er sich von Außenreizen nicht verleiten. Ihr geht beide einfach gemeinsam eures Weges, in der Stadt und auch bei Ausflügen durch Wald und Flur.

4. DIE DISTANZ

Als Viertes muss der Hund lernen, auch einmal allein zu sein. Damit meine ich nicht nur das Alleinsein zu Hause, sondern vielmehr, dass er es schafft, in bestimmten Situationen die Distanz zu dir auszuhalten. Diese Distanz hat viele Gesichter. Es beginnt beim Verlassen der Wohnung, des Autos oder auch bei einem Besuch im Eiscafé, wenn du ihn in den Schatten legst, während du dein Eis in der Sonne genießt.

5. DER ABBRUCH – ENDE

Als Fünftes kannst du jedes Verhalten deines Hundes beenden. Dein Hund macht aus seiner Sicht sowieso nie einen Fehler. Alles, was er macht, ist richtig – aus seiner Perspektive. Manchmal passt das allerdings einfach nicht zu deiner Sicht und er kann unter Umständen sich und andere in Gefahr bringen. In solchen Situationen musst du sein Verhalten stoppen können, zum Wohle aller.
Hat dein Hund diese fünf Verhaltensweisen verinnerlicht, werden Sitz, Platz, Bleib im Alltag schnell überflüssig. Du kannst dann daraus ein schönes Spiel machen zur Beschäftigung und Auslastung. In eurem gemeinsamen Hundeleben wirst du diese begrenzenden Kommandos aber nicht benötigen und erst recht nicht vermissen. Also, wozu brauchst du sie dann noch im Alltag? Dein Hund ist immer ansprechbar. Wenn du stehst, steht dein Hund, wenn du gehst, geht dein Hund. Du kannst jedes Verhalten beenden und situativ auch einmal eine Distanz einfordern.

Bei „Ende" ist Ende. Ohne Diskussion.

Die Erklärung – der Weg dahin

Hunde sind Opportunisten. Über ihren gesunden Egoismus tun sie Dinge, die für sie angenehm sind, die ihnen gute Gefühle bereiten und die ihnen vor allem Sicherheit verschaffen.

Sind sie mit ihren Handlungen dabei erfolgreich, werden sie genau diese Handlungen wieder einsetzen und schnell auch auf andere Bereiche übertragen, die ihnen aus ihrer Sicht wichtig sind, einen Mehrwert für sie haben und Sicherheit bieten. Auf der anderen Seite möchten sie unangenehme Gefühle und Unsicherheiten vermeiden.

FÜHRUNG UND SICHERHEIT

Gerade das Thema Sicherheit sollten wir für unsere Hunde immer sehr genau betrachten. Über eine gute Führung können wir dazu sehr viel beitragen. Aber was ist denn nun gute Führung? Aus meiner Sicht ist gute Führung die Übernahme von Verantwortung zur Sicherheit meines Hundes. Unsere Hunde brauchen uns als Verantwortlichen und als Vertrauensperson an ihrer Seite und nicht als Diktator, der ständig Druck macht. In unserer Menschenwelt gibt es viele Regeln, mit denen Hunde so überhaupt nichts anfangen können. Hinzu kommt, dass unser Alltag immer hektischer, schneller und technokratischer wird. Das bietet den Hunden immer weniger Platz. Die Anforderungen, die an sie gestellt werden, nehmen ständig zu. Der Hund soll immer nett zu Menschen sein, zu anderen Hunden sowieso, er soll nicht an der Leine ziehen und zu Hause stets still sein. Bellen ist absolut tabu. All das schafft der Anpassungskünstler Hund und es verdient meinen uneingeschränkten Respekt. Es ist daher meine Verpflichtung, ihn sicher durch genau diese verrückte Welt zu führen, denn wer kennt sie und ihre Regeln besser als ein Mensch? Genau, nur ein Mensch.

Fühlt der Hund sich sicher, lässt er sich fallen.

»Hunde suchen Sicherheit!«

EIN HUND IST AUCH NUR EIN MENSCH

Viel zu oft werden wir darauf verwiesen, dass der Hund anders ist, was uns schnell verunsichert. Bei genauer Betrachtung könnte es aber auch so aussehen:

– Der Mensch ist ein Lebewesen und der Hund auch.
– Der Mensch ist ein Säugetier und der Hund ebenfalls.
– Der Mensch lebt in sozialen Gruppen und der Hund tut das genauso.
– Der Mensch liebt Gewohnheiten und auch dem Hund geben sie großen Halt.
– Der Mensch ist handlungsorientiert und auch die Handlungen des Hundes resultieren aus Notwendigkeiten.
– Der Mensch verwaltet seine Energie effizient und auch ein Hund springt nur so hoch, wie er muss.

Betrachten wir diese sechs Punkte einmal aus dem Blickwinkel der Gemeinsamkeiten, so ist uns der Hund plötzlich viel vertrauter, als er uns fremd ist. Diese Gemeinsamkeiten verbinden. Entdecken wir im Hund Parallelen, sehen wir ihn mit ganz anderen Augen. Er ist nicht mehr so fremd und andersartig. Eher bekannt und uns nah. Das ist gut so. Alles, was wir brauchen, um mit dem Hund friedlich zusammenzuleben, tragen wir schon in uns. Damit haben wir genug Handwerkszeug, um ihn ordentlich zu erziehen.

BINDUNG UND BEZIEHUNG

Diese Ähnlichkeiten ermöglichen es dem Hund, sich an uns zu binden. Diese **Bindung** zeigt sich besonders gut in belastenden Situationen, und gute Bindung sollte stets auch ein bisschen exklusiv sein. Sie basiert immer zu einem Großteil auf Freiwilligkeit und ist schwer trainierbar. **Beziehung** hingegen ist Kommunikation.
Das ist die Sache mit dem Sender-und-Empfänger-Prinzip. Was sende ich und was kommt beim Empfänger an? Oft entstehen hier Missverständnisse. Wir sind nicht eindeutig. Unsere Lautsprache sagt das eine und unsere Körpersprache etwas anderes. Das schafft schnell Konflikte im Hund. Unsere Körpersprache ist ihm immer wichtiger als unsere Lautsprache. Er kann sich wunderbar an Zeigegesten und auch an unserem Blick orientieren.

KOMMUNIKATIONSQUELLEN

Die Hauptkommunikationsquelle von uns Menschen ist die Lautsprache. Beim Hund steht da vielmehr eine klare Handlung im Vordergrund. Diese setzt er blitzschnell, kompromisslos und ohne Diskussionen um.

»Kommunikation ist alles und ohne Kommunikation ist alles nichts.«

1

»Quatschkopf Mensch trifft auf Handlungstäter Hund. – Weniger quatschen, mehr machen, sollte die Devise sein.«

1 Eine Einladung, doch der Körper stoppt den Hund.

2 Besser so, der Körper lädt hier wirklich ein.

Da sind Missverständnisse vorprogrammiert. Diese können wir jedoch schnell auflösen, indem wir weniger quatschen und mehr handeln. Deinen Hund überzeugst du viel eher durch Taten als durch ständiges Gerede. „Werde zum Handelnden“ ist aus diesem Grund immer meine uneingeschränkte Empfehlung im Miteinander von Mensch und Hund.

2

GRENZEN

Auch Grenzen gehören zum Leben mit Hund dazu. Dein Hundeleben ist eine sehr persönliche Angelegenheit und genauso individuell sollten auch deine Grenzen gestaltet werden. Eine Vereinheitlichung für alle Hundefreunde gibt es nicht. Stattdessen gibt es nur eine eindeutige Empfehlung, und das ist ein ganz klares Jein. Bei den einen darf der Hund aufs Sofa und bei den anderen eben nicht. In der einen Familie darf der Hund in die Küche, in der anderen Familie ist dieser Raum für ihn tabu. Bleib da wirklich konsequent bei dir. Es muss für dich passen und nur so wirst du Grenzen auch deinem Hund authentisch vermitteln können. Nur wenn etwas für dich wirklich Sinn ergibt, kannst du es auch glaubhaft umsetzen. Die Weltherrschaft wurde noch nie über einen Platz im Ohrensessel übernommen.

Diese Grenzen sind eine Art Leitplankensystem, an dem sich dein Hund orientieren kann. Deshalb sind Grenzen wichtig, sie geben deinem Hund viel Sicherheit. Lass dir in diesem Bereich bitte nichts vorschreiben. Hör auf dein Bauchgefühl und lass dich von deinem Kopf nicht austricksen!

Grenzen in der Hundeerziehung

Grenzen als Lebensretter

Grenzen sind wertfrei. Die Werte für eine Grenze legen wir in unserem Kopf fest. Die Bedeutung, die wir einer Grenze geben, kann sehr unterschiedlich sein. So kann zum Beispiel die Bedeutung der Hundeleine Schutz und Sicherheit vermitteln oder aber den Hund begrenzen und einengen. Aus meiner Sicht wird das Zusammenleben mit einem Hund ohne Grenzen nicht von langer Dauer sein. Im besten Fall gäbe es ein heilloses Durcheinander, im schlimmsten Fall hätte der Hund nur ein sehr kurzes Leben bei uns. Wie oft würde er sich ohne Grenzen wohl in lebensbedrohliche Situationen begeben, weil er aus hündischer Sicht völlig angemessen reagiert und den Reizen, die ihn in Versuchung führen, einfach folgt?

Bei seiner Ankunft bei uns Menschen tritt der Hund in eine Welt ein, von der er nicht viel weiß.

»Eine Erziehung ohne Grenzen hat der Hund nicht verdient.«

»Grenzen geben Sicherheit – wenn sie sichtbar sind.«

Hier leben Tausende von Menschen in Städten mit vielen befahrenen Straßen und noch mehr unbekannten Dingen. Als Vertrauensperson für deinen Neuankömmling bist du der wichtigste Begleiter in dieser Welt. Du kennst das moderne Leben in der Stadt und die Regeln, die dafür gelten. Du wirst deinen Hund begleiten und beobachten. Sobald du erkennst, dass er einen Fehler macht und droht, sich in Gefahr zu begeben, musst du umgehend eingreifen und dafür sorgen, eine Sicherheitszone zu schaffen. Lernen findet hier also dadurch statt, dass dem Hund Grenzen gesetzt werden, dass er sich ihnen nähert, diese auch mal übertritt und durch Konsequenzen erfährt, dass er zu weit gegangen ist.

In deinen eigenen vier Wänden fühlst du dich sehr sicher. Hier bewegst du dich mit traumwandlerischer Souveränität von Zimmer zu Zimmer. Was passiert jedoch, sobald es stockdunkel ist? Richtig! Du wirst unsicher, deine Bewegungen werden vorsichtiger, du bist gehemmter. Warum? Ganz einfach: Die räumlichen Grenzen sind nicht mehr sichtbar. Du bist dir nicht mehr sicher, wie weit es noch bis zur nächsten Wand ist oder ob du gleich am nächsten Türrahmen anstößt. Leider erlebe ich täglich Hunde, die – im übertragenen Sinn – 24 Stunden in völliger Dunkelheit leben. Sie versuchen, alles richtig zu machen, es fällt ihnen aber verdammt schwer. Das Licht ist aus, sie sehen die Grenzen nicht – und nicht selten haben sie diese auch noch nie zuvor gesehen oder kennengelernt.

Ich bitte dich zum Wohl deines Hundes: **Mach das Licht für deinen Hund an!**

Natürlich ist es viel einfacher, dem Hund alles zu erlauben, als sich mit der Arbeit und den Konsequenzen von Beschränkungen auseinanderzusetzen. Hilf deinem Hund und gib ihm Planungssicherheit und Halt in

Vermittle deinem Hund Sicherheit im Alltag, indem du die Verantwortung übernimmst.

festen Strukturen und mit klaren Grenzen. Du bist verantwortlich dafür, deinen Hund durchs Leben zu führen, und das erfordert von dir absolutes Engagement und Professionalität. Scheu dich nicht, Grenzen dort zu setzen, wo es nötig ist. Stell dabei deine eigene Bequemlichkeit oder deine Ängste vor negativen Reaktionen anderer unbedingt hintenan.

Freiheit muss grenzenlos sein?

So ist das Leben nicht. Auch nicht das Leben mit Hund. Ich habe das Gefühl, dass viele Unklarheiten zwischen Mensch und Hund den Ursprung genau an dieser Stelle haben. Wir müssen lernen, unsere eigenen Grenzen gegenüber dem Hund zu wahren, ihn als eigenständiges Wesen zu sehen und auch seine Grenzen zu respektieren. Entscheidungen, wann eine Grenze gesetzt wird, werden immer variieren und sich den Umständen anpassen. Das darf nichts mit Gewalt oder Lautstärke zu tun haben, sondern mit Einfühlungsvermögen und Konsequenz.

Hunde brauchen Grenzen!

Unsere Hunde können wir dadurch unterstützen, dass wir selbst akzeptieren, dass es Grenzen gibt und wirklich verstehen, warum das gut ist. Es ist wichtig, dass wir ein exaktes Gespür dafür entwickeln, wo genau diese Grenzen verlaufen müssen, und jeder sollte für sich selbst ganz bewusst seine eigenen individuellen Grenzen ziehen. Der beste Weg dahin ist, das einfach in die Tat umzusetzen und es damit auch dem Hund leicht zu machen.

Vier Wichtigkeiten

Zusätzlich zu diesen Regeln gibt es noch vier weitere Dinge, die Hunden wichtig sind. Wenn du schon einmal das Glück hattest, einen Welpen in dein Leben zu holen, sind sie dir schon bestens bekannt. Welpen zeigen ihre Bedürfnisse noch sehr deutlich.

Hunde zeigen uns, wie es geht. Ganz einfach!

1. BEACHTUNG

Ganz weit oben auf der Liste steht die Beachtung. Hunde machen ständig alles, damit du ihnen deine Aufmerksamkeit schenkst. Sie stupsen dich an, laufen unablässig zwischen deinen Beinen rum und unternehmen noch viele weitere Aktionen, damit du reagierst. Dabei sind sie sehr erfinderisch.

2. FOLGEN DÜRFEN

Außerdem wollen sie dir immer folgen dürfen. Da, wo du bist, ist der kleine Hund. Es ist so etwas wie ein Privileg, dass sie bei dir sein dürfen. Ein hohes Gut, das wir sehr sorgfältig pflegen müssen. Leider geht es ab und an viel zu schnell verloren.

3. KÖRPERKONTAKT

Jetzt folgt der Körperkontakt. Gern legen sie sich auf deine Füße oder kuscheln sich an Artgenossen an. Wenn sie noch bei ihren Geschwistern sind, ist das schön anzusehen. Dann liegt da ein Knäuel kleiner aneinandergekuschelter Hunde. Gern kuscheln sie sich auch bei uns auf dem Schoß und im Arm ein.

4. BEUTE TEILEN

Fast am Ende ihrer „Bedürfnisliste" folgt das Teilen von Beute. Bei Welpen konnte ich das besonders deutlich

Geht es dir gut, geht es deinem Hund gut – eine Wechselwirkung.

beobachten. Ein kleiner Hund hat zum Beispiel einen Knochen ergattert, den er benagt und eindrucksvoll verteidigt, bis er ihn einem anderen Hund überlässt oder ihn sogar vor dessen Pfoten spuckt.

VERTIEFUNG UND UMSETZUNG

Zu diesen bis jetzt nur kurz umrissenen Themen empfehle ich dir unbedingt weiterführende Literatur, die in jede Bibliothek eines Hundefreundes gehört. Meine Leseempfehlungen findest du im Serviceteil des Buches (Seite 117). Damit kannst du die philosophischen Ansätze und auch die fachlichen Erkenntnisse umfassend vertiefen. Dies soll aber nicht Thema meines Buches sein.

Ich möchte deine Zeit vielmehr nutzen, um dir zu erklären, wie du die fünf wichtigen Dinge umsetzen kannst: den Namen, das Stehen, das Gehen, die Distanz und das Ende.

Ich hatte das Glück, schon sehr viele Hunde in Einzelterminen, während Privatlektionen und in meinen „Klein & Fein"-Seminaren zu treffen. Bestimmt waren es schon weit über tausend.
Die Umsetzung dieser fünf wesentlichen Dinge, die ich die **5er-Basis** nenne, hat stets ein neues, grundlegendes Verständnis auf Seiten des Menschen geschaffen und einen Hund, der sich gern angeschlossen hat. Viele der Verhaltensauffälligkeiten, wegen der ich um Unterstützung und Rat gebeten wurde, haben sich dadurch aufgelöst. Es hat sich schnell herausgestellt, was harmonische Teams von den anderen unterscheidet und an welchen Stellen es zu Unklarheiten kommt – es sind immer wieder genau diese fünf Punkte.

Los geht's! Einverstanden?

ETWAS VORBEREITUNG

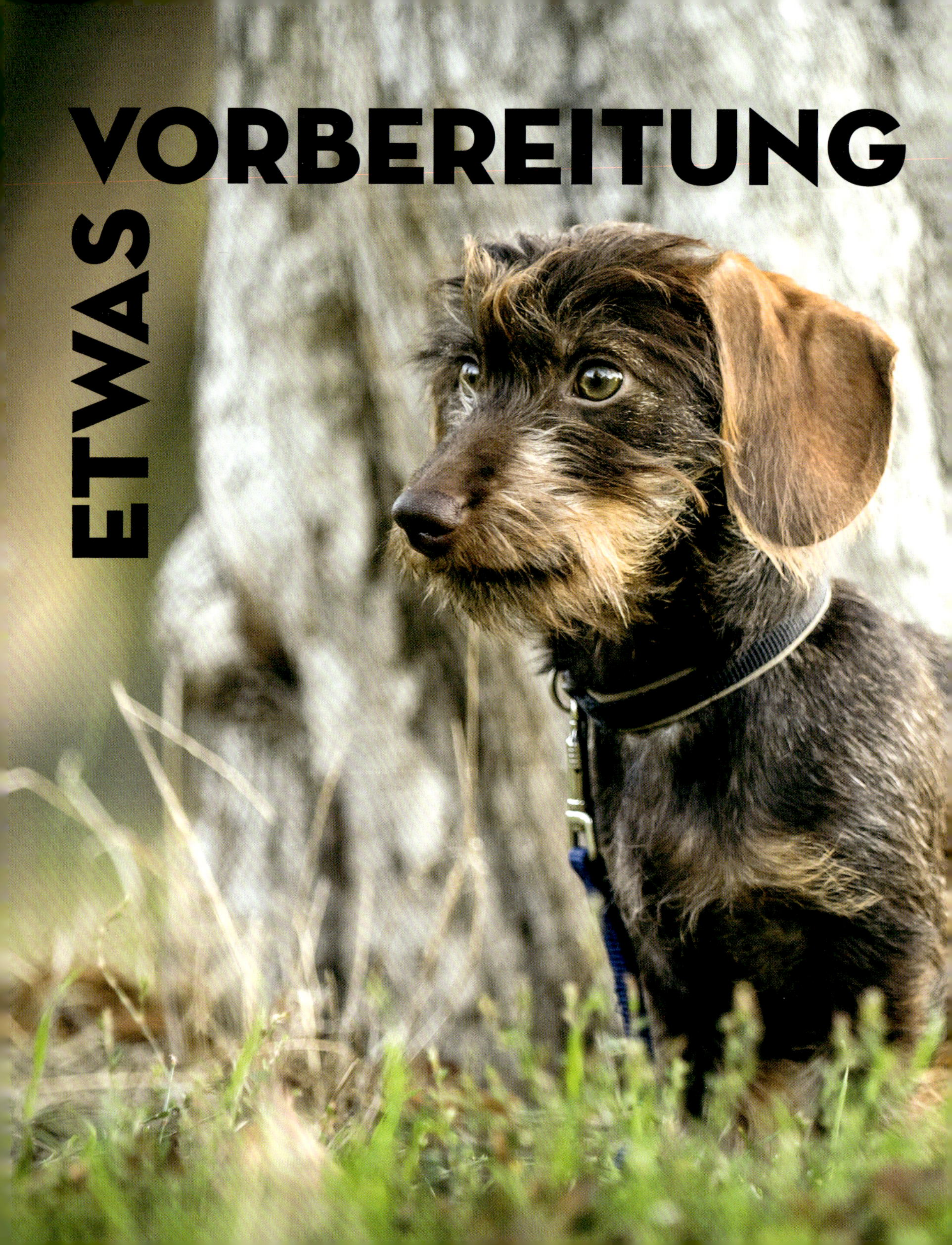

– BEVOR ES LOSGEHT

Unsere Hunde leben immer im Moment, eine ganz wunderschöne Gabe.

Das richtige „Programm“

In welchem Programm bist du mit deinem Hund unterwegs? Worin genau bestehen die Defizite und Unklarheiten?

Zunächst einmal: Es gibt auf der einen Seite die Erziehung und auf der anderen Seite die Ausbildung. Seitdem ich diesen Unterschied verstanden habe, hat sich vieles ganz leicht angefühlt, und mir scheint, dass es auch in den Hunden viele Konflikte löst.

Hier stelle ich dir die beiden Aspekte einmal gegenüber:

Die Erziehung

- Vermittlung von Grenzen und Regeln
- Du als Mensch bringst dich über herzliches Lob ein, du bist der Mittelpunkt.
- Das soziale Miteinander in der Gruppe wird definiert.
- Name, Stehen, Gehen, Verhaltensabbruch, Distanz

Die Ausbildung

- Vermittlung von klar definierten Bewegungsabläufen
- Einsatz von technischen Hilfsmitteln
- Bewegungsabläufe werden unter Signal gestellt.
- Sitz, Platz, Bleib – Agility – Objektsuche – Rettungshund – Diabetikerwarnhund etc.

Ein Hund kann also auf der einen Seite top ausgebildet sein und auf einem bestimmten Gebiet ausgezeichnete Ergebnisse erzielen, zum Beispiel in der Arbeit als Rettungshund. Auf der anderen Seite ist er aber nicht erzogen und hat große Defizite in diesem Bereich. Umgekehrt ist das natürlich ebenso möglich. Der Hund ist sozial absolut

gut erzogen, besitzt aber keine besonderen Fähigkeiten in der Arbeit oder im Sport.
Die Erziehung ist immer die Basis, sie muss deshalb unsere Pflicht sein. Daran schließt sich dann als Kür eine Ausbildung oder auch ein Training an, das immer fakultativ ist. Später laufen beide Programme ineinander und ergänzen sich im besten Fall. Über reine Ausbildungsstrukturen wirst du einen Hund nicht erziehen, und allein über das soziale Lernen in der Erziehung wirst du den Hund nur mittelmäßig ausbilden können. Gibt es also Defizite im Bereich der Erziehung, wirst du diese nicht mit noch mehr „Sitz, Platz, Bleib" lösen können. Du musst dich deiner erzieherischen Verpflichtung stellen und genau da ansetzen, wo Unklarheiten auftreten.

»Es wird zu viel versucht, trainiert, probiert und zu wenig erzogen. Das produziert schnell völlig enthemmte Hunde.«

1

2

1 Gemeinsam mal verrückt sein, das verbindet.

2 Es geht nicht um die Beute, es geht um dich.

Operantes Lernen

Mit dem Modell des operanten Lernens ist der Hund in der Lage, beinahe von selbst Lösungen zu finden, indem er seine Selbstständigkeit mit einbringt.

Vor allem der Alltag ist unvorhersehbar und lässt sich über reine Trainingskonzepte nicht abbilden. Ich erlebe täglich, dass Kunden mir berichten: Auf dem Hundeplatz im Verein klappt es ganz wunderbar, aber im normalen Leben funktioniert es überhaupt nicht.
Für die Umsetzung muss dir Folgendes in Fleisch und Blut übergehen: Das Modell klärt, WAS zu tun ist. WAS muss geschehen, dass dein Hund sich ändern kann?
Zeigt dein Hund ein Verhalten, das du öfter sehen möchtest, so muss etwas Angenehmes dazukommen und gleichzeitig etwas Unangenehmes verschwinden. Sind diese Voraussetzungen gegeben, wird dein Hund sich häufiger so verhalten, da es für ihn einen Mehrwert bietet und ihm ein gutes Gefühl bereitet.
Umgekehrt funktioniert es genauso: Zeigt dein Hund ein Verhalten, das du seltener oder später nicht mehr sehen möchtest, so muss etwas Unangenehmes dazukommen und etwas Angenehmes verschwinden. In diesem Fall wird dein Hund sich nicht mehr so verhalten, da es für ihn keinen Mehrwert bietet und er ein schlechtes Gefühl dabei hat.
Es klingt ganz einfach. Lies es dir bitte nochmals durch. Es sind nur vier sogenannte Lernquadranten, die du kennen musst.

»Weniger müssen, mehr wollen – das ist das Ziel.«

Motivprogramme

Was dein Hund als angenehm und was als unangenehm empfindet, regelt nur er selbst. Was motiviert ihn, etwas zu tun, und was motiviert ihn, etwas zu lassen? Womit dies nichts zu tun haben darf, sind Schmerz, Gewalt und deine körperliche Überlegenheit.

Motivation kommt aus deinem Hund selbst, sie ist in ihm angelegt. Motivierung hingegen kommt von außen und wird nicht vom Hund gesteuert. Lerne deinen Hund kennen. Wie tickt er? Was sind seine Motivprogramme? Erstelle dir dazu eine Liste. Mach zwei Spalten. In der linken Spalte notierst du alles, was dein Hund gern mag, und in der rechten Spalte schreibst du auf, was er nicht mag. Was will er vermehren, wovon will er mehr, was motiviert ihn, etwas zu tun, was bereitet ihm gute Gefühle? Das kommt auf die linke Seite. Was will er nicht mehr, wovon will er weniger, was motiviert ihn, etwas sein zu lassen, was macht ihm schlechte Gefühle? Das kommt auf die rechte Seite.

Bilde auf jeder Seite eine Wertigkeit. Was sind die Top drei auf jeder Seite? Daraus ergibt sich noch eine weitere wichtige Frage: Wo befindest du dich in diesem Gefüge? Auf welcher Seite und an welcher Position? Das Ziel ist es, dass du ganz klar auf der angenehmen Seite stehst, und da auf Platz eins. Es muss für deinen Hund das Schönste werden, wenn du dich ihm liebevoll zuwendest.

Durch Ruhe kommt Ruhe – das ruhige Lob hilft auf diesem Weg.

Du siehst schon, dass dies sehr unterschiedlich ist und nur dein Hund regelt, was aus seiner Sicht angenehm und was unangenehm ist, was er vermehren möchte und was er vermindern will. Kaum zu glauben, aber es gibt durchaus Hunde, die lassen ihre Menschen tatsächlich mit einer Wurst stehen. Andere finden diese Wurst extrem begehrenswert. Das Gleiche kann für Beute, Bälle oder gemeinsame Aktionen gelten. Was der eine innig liebt, schreckt den anderen vielleicht sogar ab und er empfindet es als unangenehm. Investiere hier genug Zeit, mach dir Gedanken und lerne deinen Hund noch mal aus einer ganz anderen Perspektive kennen. Du wirst dich auf der linken Seite deiner Tabelle deutlich leichter tun als auf der rechten Seite. Beides ist aber wichtig. Beide Seiten benötigst du und beide gehören zum Leben mit Hund dazu, damit du in der Balance bleiben kannst und es deinem Hund genauso geht.
Es gibt das Gesetz der Polarität (siehe Seite 32), das die Bedeutung dieser beiden Gegensätze einfach erklärt.

Durch Aktion kommt Aktion – der wichtige Gegenpol zur Ruhe.

Die zwei Seiten oder zwei Pole

Das fehlende Element: Was fehlt dir?

Du liebst deinen Hund abgöttisch. Du kümmerst dich sehr um ihn, du sorgst für bestes Futter, für ausreichend Wasser, für sozialen Halt, für Auslastung im Kopf und im Körper, für Treffen mit befreundeten anderen Hunden ... Kurzum, du tust alles für ihn und für sein glückliches Hundeleben.

Was fehlt deinem Hund?

Trotzdem entgleitet dir dein Hund in für dich wesentlichen Situationen. Er motzt fremde Hunde auf der Straße an, er zieht an der Leine, er jagt Katzen und Rehe, er kann nicht gut allein bleiben, er verteidigt wichtige Ressourcen – auch gegen dich ... Kurzum, er tut immer das, was IHM gerade wichtig ist, was IHN wieder zurück ins Gleichgewicht bringt. Zurück in ein gutes Gefühl.

Die Entdeckung

Auch mir ging es vor fast zehn Jahren so. Ich kann mich noch sehr gut an solche Szenarien erinnern. Wer mich jetzt mit meinen Hunden erlebt, kann sich das überhaupt nicht mehr vorstellen. Was hat mir geholfen? Der erste wesentliche Schritt war mein neu gewonnenes Verständnis dafür, dass es einen großen Unterschied zwischen dem sozialen Lernen (Erziehung) und dem formellen Lernen (Ausbildung, Training) gibt. Diese Erkenntnis hat mir schon sehr deutlich die Augen geöffnet. Defizite im sozialen Bereich habe ich versucht, über noch mehr Training zu kompensieren. Damit bin ich gescheitert. Diese Defizite lassen sich nur da lösen, wo sie entstehen.

Das Gesetz der Polarität

Doch so richtig vorwärts ging es erst, als ich verstanden hatte, was es mit dem philosophischen Gesetz der Polarität auf sich hat. Dieses Gesetz ist sehr einfach zu beschreiben und dir bestens bekannt. Du erlebst es täglich selbst. Es ist so einfach, dass du es schon nicht mehr bewusst wahrnimmst.

Dieses Gesetz findet immer statt und ist täglich dein Begleiter. Ganz kurz erklärt: Alles hat seine zwei Seiten. Zum Tag gehört die Nacht, es gibt schnell und langsam, heiß und kalt, Mann und Frau, groß und klein, Liebe und Hass und so weiter. Die Aufzählung dieser Gegensätze könntest du jetzt bestimmt selbst endlos weiterführen.

Obwohl alles zwei Seiten hat, legen wir oft unsere Bewertung aber ausschließlich nur auf eine Seite. Dabei hoffen wir, dass es diese eine Seite schon richten wird. Wir vergessen dabei nur, dass zu einer Einheit auch immer die Gegensätze gehören. Sehr gern möchten wir nur das Gute, das Angenehme in der Vordergrund stellen. Aber so ist das Leben nun mal nicht. Es gibt nicht alle Tage den wunderbarsten Sonnenschein – was ehrlich gesagt – auch langweilig wäre. Oder?

Lass es zu!

Nur wenn es dir gelingt, anzuerkennen, dass das Eine ohne das Andere nicht geht, wirst du mit dir selbst in Harmonie kommen. Alles besteht aus Gegensätzen. Genau diese Gegensätze tun uns auch so gut. Anspannung und

Entspannung, das ist doch erst in der Gemeinsamkeit ein wirklich erhebendes Gefühl.
Ohne Trauer kannst du kein Glück spüren. Ohne eine anstrengende Woche bei der Arbeit wäre die Erholung im Garten, unter einem Baum, wo die Vögel zwitschern, nichts wert.
Das Eine kann also ohne das Andere nicht sein. Und genau das ist auch der Schlüssel zum Glück. Wenn du das annehmen, verstehen und verinnerlichen kannst, dann wirst du vieles ganz anders bewerten und anders handeln können und es wird schnell viel ruhiger werden. Dir ist bewusst geworden, dass du alle Gegensätze immer als eine Einheit annehmen kannst.

Dein Lernprozess

Das wirklich gut zu finden, wird für dich ein Lernprozess sein. Die daraus entstehende Akzeptanz wird dich aber gerade mit deinem Hund ein großes Stück voranbringen. Zum Angenehmen gehört eben auch immer das Unangenehme. Deinem Hund ist das lange bekannt. Auf jede Handlung folgt immer eine Konsequenz. Für deinen Hund ist das völlig selbstverständlich. Das ist sehr bedeutend, da du dadurch auch deine Liebe dem Hund gegenüber nochmals auf eine ganz andere Stufe hebst.
Es wird viel ehrlicher, herzlicher und authentischer werden und ihr werdet noch mehr zusammenwachsen können.
Nur im positiven Bereich mit deinem Hund zu kommunizieren, ist ein schöner Traum, spiegelt aber nicht im Ansatz euer Leben wider. Auf Regen folgt immer auch wieder Sonnenschein. Das ist gut so. Dein Vertrauenskonto dem Hund gegenüber solltest du auch immer im Haben führen und genau dabei wird dir diese Erkenntnis weiterhelfen.

Was bedeutet das jetzt für dich?

Mach dich auf die Suche und finde heraus, welche Gegenspieler dir fehlen. Zur Nähe gehört die Distanz. Zur Aktion gehört die Ruhe. Zur selbst getroffenen Entscheidung gehört ein fester vorgegebener Rahmen. Es gibt viele Beziehungen zwischen Mensch und Hund, die ich täglich in meinen Praxisterminen erlebe, bei denen diese Punkte aus dem Gleichgewicht geraten sind.

Bringst du aber diese Gegensätze in Einklang, stellst du Harmonie her. In deinem Fall einen ausgeglichenen Hund, der sich dir sehr gern vertrauensvoll anschließen wird. Finde eure Gegenspieler!

Richtungsinformationen

Zusätzlich benötigst du noch zwei Richtungsinformationen. Damit kannst du deinem Hund wunderbar den richtigen Weg weisen.

Ich meine damit Informationen für „richtig“, „weiter so“, „Es wird gleich etwas Angenehmes passieren“ sowie Informationen für „falsch“ und „Nicht weiter, sonst folgt etwas Unangenehmes“.
Erinnerst du dich noch an das Spiel „Topfschlagen“ bei Kindergeburtstagen? War man in der Nähe des Topfes, riefen die Mitspieler „Heiß!“, lief man in die falsche Richtung, zeigten sie das mit der Aussage „Kalt“ an. So ungefähr verhält es sich auch mit den Richtungsinformationen für deinen Hund. Du ermöglichst ihm damit, selbstständig den richtigen Weg zum Ziel zu finden, ähnlich wie du dich damals mithilfe der anderen Kinder zur ersehnten Schokolade unter dem Topf vorgearbeitet hast.

Wie kannst du dieses Prinzip nun auf deinen Hund übertragen? Ich verwende zum Beispiel für „richtig“ einen Laut, der ungefähr wie „tttttt“ klingt, und „falsch“ signalisiere ich mit einem Zischlaut; es hört sich ungefähr wie ein „scht“ an. Diese beiden Geräusche benutze ich ansonsten nicht und dadurch bleiben sie ganz exklusiv als Leitinformationen für die Kommunikation zwischen mir und meinen Hunden erhalten. Du kannst natürlich auch einfach „Richtig“ oder „Falsch“ sagen oder auch „Prima“ und „Hey“. Beachte nur, dass du diese Wörter nicht auch in anderen Zusammenhängen verwendest, sie keinen anderen Signalen ähneln (wie zum Beispiel „Nein“ und „Fein“) und dass du sie nicht emotional aufladen kannst.

Einfach mal innehalten und den Moment gemeinsam erleben.

Warum ich den Zisch verwende

Täglich erlebe ich, dass der Hund angezischt wird, und was passiert? Nichts! Warum ist das so? Warum hat der Hund am Anfang auf diesen geheimnisumwitterten mystischen Zischlaut reagiert und jetzt nicht mehr? Was genau ist dieser Zisch?

Hexenwerk oder was?

Es ist eigentlich ganz einfach. Richtig vermittelt, ist dieser Zisch kein Hexenwerk und schon gar nichts, was deinen Hund beängstigt. Es ist auf keinen Fall das Geräusch einer Klapperschlange, das im Hund Urängste hervorruft. Wäre das so, würden alle Hunde umgehend und nachhaltig auf diesen Zischlaut reagieren – und zwar IMMER. Dem ist schon mal nicht so! Der Zisch ist vielmehr eine Information von dir für deinen Hund. Das Prinzip ähnelt wieder dem beim Topfschlagen.

Vom Topfschlagen zum Verständnis

Und genauso funktioniert der Zisch. Er kündigt deinem Hund an, dass er sich gerade in eine Situation begibt bzw. dass er im Begriff ist, eine Handlung auszuführen, die falsch ist. Jetzt gibt es immer zwei Konsequenzen für ihn: eine dafür, dass er die falsche Aktion ausführt, und eine dafür, dass er es nicht tut. Verändert dein Hund durch den Zisch sein Verhalten zum Positiven, musst auch du deins verändern. Es muss ein „Richtig" folgen und auf diese Information etwas Angenehmes. Ändert er hingegen nichts, muss sich blitzschnell, kompromisslos und ohne Diskussionen etwas Unangenehmes anschließen. Was das Unangenehme ist, geben die Motivprogramme deines Hundes vor. Diese wichtige Aufgabe fandest du schon auf Seite 30. Erinnerst du dich? Es kann zum Beispiel eine akustische Störung sein: ein Schlagen mit der Hand an deine Jacke oder ein energisches Auftreten mit dem Fuß. So wird der Zisch zum verlässlichen Signal für deinen Hund, in welche Richtung er sich gerade bewegt.

Du kennst das alles vielleicht schon vom Clickertraining. Der Click informiert den Hund, dass gleich etwas Angenehmes folgt, wovon er noch mehr möchte – oft wird hier Futter eingesetzt. Warum ist das so erfolgreich? Der Click sendet immer das gleiche Signal und du hältst dein Versprechen immer ein. Der Hund weiß: Auf den Click folgt etwas Angenehmes – Futter kommt. Der Zisch funktioniert genauso, nur in die andere Richtung. Das bedeutet: Auch hier musst du dein Versprechen einhalten. Ein Zisch ohne Verhaltensänderung deines Hundes heißt, es passiert etwas Unangenehmes.

Ursachen, warum es vielleicht nicht klappt

Auf den Clicker wird dein Hund nicht mehr reagieren, wenn du ihn ins Leere laufen lässt und er sich nicht auf den Click verlassen kann. Kommt da nicht beständig etwas Angenehmes, wird dein Hund nicht mehr reagieren.

Ganz einfach

Das ist es schon. Viel mehr gibt es da nicht zu erklären. Doch halt! Eines ist noch wichtig zu wissen: Was unangenehm und

Richtungsinformationen helfen deinem Hund, sich an dir zu orientieren.

was angenehm für deinen Hund ist, regelt nur er selbst. Was für deinen Hund positiv ist, kann für einen anderen Hund negativ sein oder umgekehrt. Mit Kraft, Gewalt oder Lautstärke hat das erst einmal überhaupt nichts zu tun, vielmehr mit Klarheit und mit dem Wissen darum, wie dein Hund tickt. Dafür musst du erkennen, was genau deinen Hund motiviert, etwas zu tun oder zu lassen.
Den Zischlaut kannst du genauso wie den Clicker gegen ein Markerwort tauschen. So kann der Zisch beispielsweise auch das gesprochene Wort „Fehler“, „Nein“, „Rakete“ oder Ähnliches sein und der Clicker kann zum Beispiel „Fein“, „Prima“ oder „Richtig“ bedeuten. Ich persönlich benutze den Zisch, weil er in meiner menschlichen Lautsprache nicht vorkommt und sich so deutlich abhebt. Als Clicker benutze ich ein feines „Mäuseln“, also den schon angesprochenen „ttttt“-Laut, weil auch dieser ganz klar ist, ich ihn in meiner Lautsprache nicht verwende und ihn, im Gegensatz zum Clicker, immer bei mir habe.

Fazit

Keine Angst vor dem mystischen Zisch. Es kann deinem Hund helfen, sehr schnell zu lernen und herauszufinden, was du von ihm möchtest und was nicht. Wie das bei dir genau aussieht, regelst nur du ganz individuell. Der Zisch, richtig angewendet, kann dich dabei ausgezeichnet unterstützen.

DIE 5ER-BASIS ERFOLGREICH UMSETZEN

Ein freundlich seinem Menschen zugewandter Hund – ein kostbares Gut.

Die Ansprache – einfach überhört

Die Grundvoraussetzung, dass dein Hund dir zuhört, ist, dass du ihm schon seinen Namen erklärt hast.

Das geht in der Regel ganz schnell, und dazu verwende ich entweder kleine Futterbrocken oder schon ein herzliches Lob mit einem sanften Abstreichen an der Brust. Immer wenn ich mich dem Hund zuwende und auch wenn der Hund sich mir zuwendet, spreche ich freundlich seinen Namen aus und lobe ihn, entweder indem ich ihm ein Stückchen Futter gebe oder mit dem herzlichen Lob und der sanften Berührung. Es ist auch möglich, die Gabe des Futterbrockens noch mit einer sozialen Geste zu unterstützen. So ist es dann perfekt gelöst. Etwas fürs Herz und etwas für den Magen.

DER NÄCHSTE SCHRITT – HÖR MIR ZU!

Überhört dein Hund partout dein Rufen, wenn er ganz vertieft am Wegesrand schnüffelt oder ausgelassen mit anderen Hunden über die Wiese tobt? Reagiert er nicht auf seinen Namen?
Die große Frage ist dann: Will er nicht oder kann er nicht?
Fakt ist: Dein Hund kann dich in dieser Situation überhaupt nicht hören. Die Konzentration auf seine olfaktorische Aufgabe, das Schnüffeln, oder auf seine visuelle Aufgabe, das Verfolgen von Bewegungsreizen, blockiert in diesem Augenblick die Aufnahme und Verarbeitung von

»Erst wenn dein Hund dir wirklich zuhört, wirst du ihm all die Dinge vermitteln können, die dir wichtig sind.«

akustischen Informationen. Dein Hund ist einhundertprozentig bei der Sache – nur eben bei einer anderen als bei dir. In dieser Situation findest du keinen Zugang zu ihm, er nimmt dein Gesprächsangebot nicht an. Uns Menschen würde das übrigens ganz genauso gehen. Stell dir vor, du bist total vertieft in ein spannendes Buch und jemand spricht dich an. Reagierst du dann immer sofort? Oder merkst du manchmal gar nicht, dass du es bist, der gemeint ist? Genauso ergeht es auch deinem Hund in dieser Situation.

In drei Schritten zur offenen Beziehungstür

In drei immer gleichen Schritten wirst du es innerhalb von drei Tagen schaffen, dass dein Hund dir in solchen Situationen trotzdem einen Zugang zu sich reserviert und dir somit immer eine Beziehungstür offenhält.

1. Du sprichst deinen Hund freundlich, ruhig und leise an. Das setzt voraus, dass er vorher seinen Namen schon kennengelernt hat und weiß, dass er damit gemeint ist. Reagiert er darauf, hört er von dir sofort ein herzliches Lob.
2. Reagiert dein Hund nicht, unterbrichst du seine Aufmerksamkeit auf die Sache, mit der er sich gerade beschäftigt. Dazu nutzt du einen Störer oder Unterbrecher. Das kann ein Fingerschnippen, ein Klatschen in die Hände oder auch ein deutliches Schlagen mit der Hand an dein Hosenbein sein. Daraufhin wird der Hund von seiner Aufgabe ablassen und dich anschauen. Dann hört er von dir sofort wieder ein inniges Lob, bei dem auch sein Name einmal vorkommt.
3. Ist dein Hund nicht von seiner Aufgabe zu lösen, dann gehst du ruhig und freundlich zu ihm hin, tippst ihm auf die Schulter oder berührst ihn an einer anderen Körperstelle. Wendet er sich dir daraufhin zu, stimmst du sofort wieder in dein Lob ein und nennst seinen Namen.

Das ist schon alles und es ist sehr einfach. Damit wird dir dein Hund immer einen Zugang zu sich gewähren und du kannst mit ihm in eine Kommunikationsbeziehung treten. Ganz nebenbei wird er sich dadurch immer mehr an dir orientieren und dir im Lauf des Tages vermehrt auch Angebote zum Einstieg in eure Beziehung machen. Diese darfst du freudig annehmen, damit ihr schnell zu einem festen Team zusammenwachst.

Auch kleine Hunde können zuhören. Ja, auch ein Dackel!

Ein tolles Team bleibt füreinander immer erreichbar.

STOLPERSTEINE UMGEHEN

Um euren Erfolg abzusichern, solltest du einige Dinge beachten.

Du wiederholst seinen Namen nicht. Sprich ihn ein einziges Mal mit seinem Namen an, danach folgt dein Lob.

Ab Stufe zwei wiederholst du seinen Namen dann noch einmal während des Lobs. So kommt der richtige Name wirklich an.

Zum Beispiel

– „Waldi!" Reaktion! „Super, klasse, prima!"
– „Waldi!" Keine Reaktion! Unterbrecher! Reaktion! „Super, klasse, prima, der Waldi!"
– „Waldi!" Keine Reaktion! Unterbrecher! Keine Reaktion! Gang zum Hund, Berührung! Reaktion! „Super, klasse, prima, der Waldi!"

Eine Leine bietet zum Start den sicheren Rahmen.

Achtung! Am Anfang darf es für deinen Hund keine Lösung sein, sich einfach von dir zu entfernen, wenn du in die Kommunikation mit ihm einsteigen willst. Daher startest du mit diesem Einstieg an der Leine, eine Länge von drei Metern ist dafür sehr gut geeignet. Will er sich entfernen, wenn du ihn ansprichst, hinderst du ihn also mit der Leine nur am Weggehen, ziehst ihn aber niemals zu dir heran. Später erfolgt der Ablauf ohne Leine und in der Entfernung. Nutze dafür am Anfang, nachdem die Leine weggefallen ist, einen Raum mit einer Begrenzung, zum Beispiel einen eingezäunten Garten oder Ähnliches. Starte in Situationen, die du meistern kannst. Am Anfang zum Beispiel in der Wohnung, im Treppenhaus, im

Auto usw. Steigere dich erst, wenn du dich sicher fühlst, den Reiz deines Hundes hin zum Schnüffeln, Spielen oder Fressen unterbrechen zu können. Je mehr Sicherheit du selbst gewinnst, umso mehr transportierst du diesen Ablauf in alle Bereiche eures Miteinanders. Fordere den Einstieg in diese Kommunikation nicht zu oft. Zu Beginn sind 10 bis 15 Wiederholungen über den Tag verteilt ausreichend. Zieh den Hund nicht von seinen Aufgaben ab. Nach einer Reaktion, die du dir von ihm gewünscht hast, darf er sofort weitermachen mit seinen Wichtigkeiten. Das heißt, dass das Rufen seines Namens nicht bedeutet, dass er alles unterbrechen und sofort zu dir kommen soll. Tut er das allerdings von sich aus, kannst du gleich den Rückruf festigen, doch dazu später.
Fordere nur eine Reaktion, wenn du das Training bis Schritt drei durchziehen kannst. Das ist der bedeutendste Teil und überaus wichtig.

EIN VÖLLIG NEUES LEVEL

Die konsequente Durchführung dieses Ablaufs wird euch auf ein neues Level eures Miteinanders heben. Der Aufbau muss geprägt sein von Klarheit und Freundlichkeit. Du trittst deinem Hund nur wohlwollend gegenüber. Auch wenn es schon auf Stufe eins mal nicht sofort klappt, bleibst du beharrlich bei der Sache. Am Anfang ist es völlig ausreichend, wenn sich ein Hundeohr in deine Richtung dreht. Dem werden schnell Augen und Nase folgen, danach der Kopf mit dem gesamten Körper, und bald wird sich dein Hund bei der Ansprache gern nach dir ausrichten, um nichts zu verpassen. Nun haben du und dein Hund eine weitere Möglichkeit kennengelernt, wie ihr in eurer Mensch-Hund-Beziehung miteinander kommunizieren könnt. Denn wie du bereits weißt, ist Kommunikation alles und ohne Kommunikation ist alles nichts!

Plane für die Vermittlung der Ansprache drei Tage ein. Wenn du hier diszipliniert am Ball bleibst, wird dein Hund danach ganz leicht auf seinen Namen reagieren. Pflege diese Ansprechbarkeit ein Leben lang.
Nach den drei Tagen kannst du damit beginnen, deinem Hund das gemeinsame Stehen zu vermitteln.

Ein Hund, der zuhört, bemüht sich auch um seinen Menschen.

Das Stehen

Ein gemeinsamer Standpunkt ist die Basis. Das Stehen ist die Basis für alle weiteren Bewegungsformen.

Der Mensch steht, der Hund steht – egal wie.

Hier lernst du einen klaren Ablauf, den du deinem Hund vermittelst und über den du ihm später fast die ganze Welt erklären kannst. Deshalb ist das Stehen so wichtig, denn es ist die Basis in eurem Miteinander.

ZWEI RÄUME

Vertrauenszone und Handlungszone

Es gibt zwei Räume, oder auch Radien, in der Beziehung zwischen dir und deinem Hund. Der erste, die **Vertrauenszone**, ist der Raum um dich herum, also in deiner Nähe. Dort ist alles schön und in dieser Nähe ist der Hund nicht nur sicher, sondern hier fühlt er sich wohl und braucht sich um nichts zu kümmern. Dieser Raum endet da, wo du deinen Hund weder mit dem Fuß noch mit der Hand erreichen kannst.
Der zweite Raum ist die **Handlungszone**. Dieser beginnt dort, wo du deinen Hund nicht mehr mit der Hand

oder mit dem Fuß erreichen kannst, und er endet bei einem Radius von ca. drei Metern um dich herum. In diesen gehört der Hund nur hinein, wenn du ihn aktiv „in die Freizeit" schickst, also diesen Raum für ihn freigibst.

DIE INFORMATIONEN

Um diese Zonen zu erklären, benötigst du: die Richtungsinformationen für richtig und für falsch. Für die Information „richtig" kannst du zum Beispiel ein ruhiges „Prima" einsetzen und für „falsch" ein energisches „Hey". Weiterhin musst du die Motivprogramme deines Hundes verstehen. Wovon möchte dein Hund mehr haben oder erleben und wovon weniger? Was findet er angenehm und was unangenehm? Außerdem brauchst du ein gut sitzendes Halsband, ein Geschirr und eine ca. drei Meter lange Leine, die gut in der Hand liegt und am besten nur mit einem Karabiner ausgestattet ist, aber keine Ösen hat.

DER ABLAUF

1. Situation

Der Hund steht bei dir und du informierst ihn über ein „Prima", dass das genau richtig ist. Hinzu kommt etwas, was er gut leiden kann. Das kann ein Streicheln an der Brust sein oder auch ein Stück Käse oder eben genau das, was er angenehm findet. Achte aber bitte darauf, dass dies alles in Ruhe abläuft, du willst ja später einen Hund, der ruhig mit dir steht.

2. Situation

Der Hund entfernt sich von dir und damit aus der Vertrauenszone. Du bleibst stehen und wirst zum „Baum". Sofort kommt deine Information „Hey", gefolgt von einem Störer oder Unterbrecher, der für deinen Hund unangenehm ist. Das kann ein akustisches Signal sein, zum Beispiel das

Das Stehen und die Ansprache – eine erste Kombination.

1

2

Schlagen mit der Hand ans Hosenbein, ein Klatschen in die Hände oder ein deutliches Aufstampfen mit dem Bein, also immer etwas, das dein Hund als unangenehm empfindet. (Siehe auch Motivprogramme auf Seite 30.)
Durch den Störer wird der Hund sich wieder an dir orientieren und auch zu dir zurückkommen. Ist er bei dir angekommen, zählst du ruhig bis drei und informierst ihn über ein „Prima“, dass das die richtige Lösung ist. Direkt im Anschluss passiert etwas, das ihm sehr angenehm ist, wie Streicheln an der Brust, Käse usw., auch das regelt wieder das Motivprogramm deines Hundes. Du erinnerst dich? Das ist etwas, das dein Hund richtig gern hat.

Während des gesamten Ablaufs hast du deinen Hund immer am Halsband. Du bist dafür verantwortlich, dass **kein Zug** auf dem Hundehals entsteht. In Momenten, in denen ihr dieses Thema gerade nicht besprecht, empfehle ich dir, deinen Hund am Geschirr anzuleinen. So stellst du sicher, dass du dir das Ergebnis eures Trainings nicht wieder damit zerstörst, indem du am Halsband ziehst. Das Geschirr ist also dein Notprogramm und eine ganz klare Option für die Freizeit. Später wird dies nicht mehr nötig sein.

Die nächsten Schritte

Verlässt dich dein Hund wieder, wiederholst du den beschriebenen Vorgang erneut. Bleibt dein Hund bei dir,

1 Der Hund bleibt auch, wenn er gelockt wird.

2 Der Mensch gibt den Hund frei.

3 Das Geschirr hilft zur Unterscheidung der Freizeit.

entfernst du dich von ihm. Du verlässt die Vertrauenszone. Kommt der Hund selbstständig in diese zurück, ist alles wieder „prima". Falls nicht, wechselst du, wie in Situation 2 beschrieben, in Richtung „Hey".

Erhöhung der Schwierigkeit

Das Ziel ist, dass dein Hund später mit dir in allen Situationen, unabhängig von sämtlichen Einflüssen um ihn herum, stehen kann. Ist der Ablauf für dich klar und hat dein Hund diesen schon verinnerlicht, kannst du ihn noch etwas mehr ablenken. Wenn du stehst, kannst du zum Beispiel einen Ball von dir wegrollen oder eine Person kann deinen Hund von dir weglocken. Verlässt er dich, geht es über die beschriebenen Schritte des „Hey" weiter, bleibt er bei dir, bleibst du beim „Prima". Das ist dann schon ein toller Erfolg für euch.

3

DER ABLAUF DES STEHENS

Durch deine klaren Handlungen wirst du für deinen Hund berechenbar. Aus dieser Planungssicherheit heraus entsteht später Vertrauen. Das Bild ist immer gleich – Hunde lernen in Bildern.

1.
Der Hund orientiert sich von seinem Menschen weg und verlässt ihn. Die Leine ist noch nicht gespannt.

2.
Es folgt die Information „Hey", der Hund hat nicht reagiert und wird gestört, aufstampfen mit dem Fuß.

3.
Der Hund verändert sich und findet den Weg zu seinem Menschen zurück.

4.
Der Mensch wartet kurz und gratuliert dem Hund dann herzlich zu seiner tollen Lösung.

Auch das gemeinsame Stehen beginnt an der Leine.

Wichtig!

- Fordere nach einem Störer nicht, dass dein Hund zu dir zurückkommt, indem du ihn ansprichst und dein Signal für „Komm zu mir" benutzt. Die Lösung soll wirklich allein die deines Hundes werden.
- Beginne mit dem Training in einer Atmosphäre, in der euch keiner stört und in der DU dich sicher fühlst.
- Lass keine Situation ungenutzt, deinem Hund das Stehen zu vermitteln. Nutze auch die Wohnung, das Treppenhaus, die Tiefgarage, den Garten, die Hunderunde, bevor ihr gemeinsam mit dem Auto fahrt, usw.
- Pass den Störer individuell an deinen Hund an. Ein Zuviel ist genauso wenig zielführend wie ein Zuwenig. Das betrifft auch das Lob. Auch dabei ist es wichtig, dass du es genau auf den Charakter deines Hundes abstimmst. Ruhe sollte immer im Vordergrund stehen.

Signal einführen – „Gemeinsam"

Ist dir dieser Ablauf in Fleisch und Blut übergegangen, kannst du ihn auch gern mit einem Signal belegen. Zum Beispiel kannst du immer, wenn du stehst, „Gemeinsam" sagen. Damit wird die Situation für deinen Hund noch klarer und du kannst dieses Signal dann auch „mit in die Bewegung" nehmen. „Gemeinsam" bedeutet dann, dass dein Hund in der Vertrauenszone bleibt, egal ob du stehst, gehst oder rennst.

Verinnerliche diese Punkte über viele Handlungen. Spätestens dann wird dein Hund anfangen, sich an dir zu orientieren. Wenn du stehst, wird er bei dir bleiben. Das gemeinsame Stehen musst du immer weiterpflegen – Tag für Tag. Viel Erfolg!

Die Leine kannst du abbauen, wenn du dich in der Handlung ganz sicher fühlst. Nutze dazu am Anfang wieder einen begrenzten Raum, wie ein Treppenhaus oder einen eingezäunten Garten. Du musst den Ablauf immer umsetzen können! Gibt es Probleme ohne Leine, verwende sie erneut und vertiefe das Thema wieder mit dieser Sicherung.

Das Gehen

Mit der gemeinsamen Bewegung festigt sich euer Miteinander und damit auch eure Beziehung.

Ist das gemeinsame Stehen noch nicht ganz klar verinnerlicht, empfehle ich dir, an dieser Stelle unbedingt nochmals einen Schritt zurückzugehen und erst das Stehen zu festigen. Es funktioniert schon gut? Dann los! Weiterhin bleibt nämlich alles beim Alten. In der Vertrauenszone ist es für deinen Hund immer angenehm. Diese Zone endet da, wo du deinen Hund nicht mehr körperlich erreichst. Damit meine ich genau da, wo du ihn weder mit der Hand noch mit dem Fuß berühren kannst.
Auch deine Informationen für „Richtig", „Falsch" und das Signal „Gemeinsam" bleiben unverändert. Noch einmal zur Erinnerung: Nach der Information für „Richtig" passiert sofort etwas, das dein Hund angenehm findet, wovon er noch mehr möchte, wofür er bereit ist, etwas zu tun, das ihm gute Gefühle bereitet und ihm somit innere Harmonie und Zufriedenheit bringt. Man könnte auch sagen: Glückseligkeit. Dieses Versprechen

musst du, gerade jetzt in der neuen Vermittlungsphase, wirklich immer einhalten. Wenn sich dein Hund nicht verändert, passiert nach deiner Information für „Falsch" genau das Gegenteil, es folgt ein Störer, zum Beispiel ein Fingerschnippen, In-die-Hände-Klatschen – auch hier ist es wichtig, das Motivprogramm deines Hundes genauestens zu kennen, denn nur er regelt, was angenehm oder unangenehm für ihn ist.

Die Menschen sind zuständig und verwalten auch beim Gehen den Raum.

Das Gehen bietet Sicherheit beim Verlassen des Aufzugs.

DER ABLAUF

1. Alles beginnt aus der Ruhe und aus dem Stehen heraus. Das ist sehr wichtig, gerade beim Verlassen des Hauses oder auch des Autos. Bleib dabei wirklich immer eindeutig. Verliert ihr euch schon beim ersten Schritt, wird es beim zweiten Schritt nicht besser. Fehler erzeugen Folgefehler.
2. Jetzt sprichst du deinen Hund an. Reagiert er nicht auf seinen Namen, stellst du zunächst die Gesprächsbereitschaft her. Nimmt dein Hund deine Ansprache an, verlagerst du deinen Körperschwerpunkt leicht in seine Richtung, indem du deinen Körper zum Beispiel leicht drehst oder deinen Hund direkt anschaust. Danach löst sich dein Blick und du suchst dir ein Ziel. Auf diesem Ziel bleibt dein Blick ruhen, du schaust nur dieses Ziel an. Dazu gibst du deinem Hund noch deine verbale Information für „Gemeinsam“ und setzt dich in Bewegung, hin zu deinem Ziel.
3. Verlässt dein Hund dich jetzt und bewegt sich aus der Vertrauenszone heraus, reagierst du blitzschnell, kompromisslos und ohne Diskussionen mit deiner Information für Fehler, „Hey“. Danach forderst du nichts von deinem Hund. Kein „Komm her“, keine Zeigegeste, kein Name – nichts. Es muss seine Lösung werden. Macht er dir jetzt kein aktives Angebot, folgt sofort erneut dein Störer. Ist er wieder bei dir, zählst du langsam bis drei und dann folgt deine Information für „Richtig“, gefolgt von der angenehmen Aktion, die deinem Hund so guttut.

DER ABLAUF DES GEHENS

Die Handlungsschritte zum Gehen sind dir aus dem Stehen schon bekannt. Je besser der Hund diese verinnerlicht hat, umso einfacher wird er sie auch ins Gehen übernehmen.

1.
Die Hunde orientieren sich an ihren Menschen. Das Team geht gemeinsam.

2.
Der Hund entfernt sich. Es folgt das „Hey“ und ggf. eine Störung.

3.
Der Hund findet die Lösung und kehrt zum Menschen zurück.

4.
Nach einer kurzen Wartezeit der Ruhe holt er sich wieder sein Lob ab.

1

2

4. Kommt ihr gemeinsam bis zu deinem anvisierten Ziel, kommst du im Stehen wieder zur Ruhe. Orientiert sich dein Hund selbstständig an dir, folgt sofort wieder die Information für „Richtig" mit einem Lob, also etwas, was deinem Hund gefällt und wovon er mehr möchte. Danach wiederholst du diesen Ablauf und ihr geht so gemeinsam und in Ruhe von Ziel zu Ziel.

Beim gemeinsamen Gehen wird dein Hund nur am Halsband geführt. Somit hast du die Möglichkeit, ihm in der Anlernphase über die Führung am Geschirr eindeutig zu vermitteln, dass ihr beide gerade Freizeit habt. Hunde lernen in Bildern. Halsband und Geschirr sind deutlich unterschiedliche Bilder und führen deshalb nicht zu Konflikten, wenn du einmal nicht die Zeit hast, das gemeinsame Gehen eindeutig zu vermitteln.

DIE NÄCHSTEN SCHRITTE

Genau wie beim Stehen erhöhst du auch beim Gehen nach und nach die Ablenkung. Das kann ein schnelleres oder auch ein langsameres Tempo sein, ein Ball, den du während des Gehens von dir wegwirfst, oder auch eine andere Person, die versucht, den Hund von dir wegzulocken.

1 Am Halsband übernimmt der Mensch die Verantwortung.

2 Das Geschirr ist der Freizeit- und Entdeckermodus.

dein Hund im Auto begleitet. Dann könnt ihr zum Beispiel vor oder nach dem Aussteigen in fremden Umgebungen eine kleine Runde ums Auto drehen.

- **Störe weiterhin so lange, bis dein Hund eindeutig auf deinen Störer reagiert, und lobe, bis dein Lob wirklich richtig bei ihm ankommt.** Lerne deinen Hund dabei täglich noch besser kennen. Wie und womit erreichst du ihn tatsächlich in der jeweiligen Situation?

Wichtig!

- **Plane genügend Pausen ein,** gerade wenn es richtig gut läuft. Auch diese Pausen beginnen und enden in der Ruhe, also aus dem gemeinsamen Stehen heraus. Alles beginnt und endet ab jetzt in dieser Ruhe, auch wenn du deinen Hund in die Freizeit entlässt, egal ob über das Geschirr oder über ein verbales Signal.
- **Lass keine Situation aus.** Geht gemeinsam, wo und wann immer es sich anbietet. Das kann ruhig auch mal eine Runde durch die Wohnung der Oma kurz vor dem Kaffeetrinken sein oder wenn dich

Das gemeinsame Gehen startet immer zu Hause.

Der Mensch führt den Hund über sich, nicht über die Leine.

- **Mach dich nicht abhängig von äußeren Einflüssen.** Du reglementierst NIEMALS einen Außenreiz. Damit bist du auch vom Kopf her nicht gegen irgendetwas, das du nicht beeinflussen kannst, nicht gegen die Taube, nicht gegen den Hund und auch nicht gegen Personen, die deinen Hund ansprechen. Du bist stattdessen DAFÜR, für eure Gemeinsamkeit und für eure Vertrauenszone.
- **Nimm dir immer genügend Zeit.** Beende die Interaktion mit deinem Hund immer erst, bevor du dich einer anderen Aktion zuwendest, zum Beispiel bei der Begrüßung eines Menschen. Dabei hat es sich bewährt, dies auch deinem Gegenüber klar zu

kommunizieren: „Bitte warte einen kurzen Moment, ich bin gleich für dich da." Das schafft schnell Klarheit und ist sehr respektvoll – Mensch und Hund gegenüber.

Es gibt nichts Schöneres, als mit einem Hund, der sich dir anschließt, durch die Welt zu gehen. Du wirst es lieben, versprochen! Wichtig sollte dir jetzt die Qualität des Gehens werden. Es kommt nicht darauf an, wie schnell, wie weit und welche Strecke ihr geht – die Quantität ist völlig egal.
Je eindeutiger du im Gehen agierst, um so schneller werdet ihr viel Freude an der gemeinsamen Bewegung haben. Nimm dir für das Gehen täglich genug Zeit und baue immer wieder die Ansprache und das Stehen ein. Viel Erfolg!

DIE LEINE ABBAUEN

Die Leine kannst du im ersten Schritt abbauen, indem du sie dem Hund am Anfang locker über den Rücken legst. So hast du immer noch die Möglichkeit, sie in einer Notsituation schnell zu ergreifen. Weiterführend empfehle ich dir, dass du nun eine sehr leichte Leine benutzt. Ich verwende immer dünnes Tau aus dem Bergsportladen, ein ganz dünnes Kletterseil. Das knote ich ohne Karabiner ins Halsband. Diese Leine ist fünf Meter lang. Bei drei Metern und am Ende machst du einen Knoten rein. Der Knoten bei drei Metern ist deine Markierung, dass der Hund die Vertrauenszone verlässt und du reagieren musst. Der Knoten bei fünf Metern dient als Notanker. Da kannst du schnell drauftreten und den Hund somit an einer weiteren Entfernung hindern. Wenn du diese dünne Leine nicht mehr brauchst, kannst du sie später auch entfernen.

Warum es wichtig ist, dass der Hund nicht an der Leine zieht.

Dein Hund sollte da, wo es möglich ist, immer wieder frei laufen können. Nur so bewegt er sich in seiner eigenen Balance. Sein ganzer Körper kann dann frei in seinem eigenen Takt durchschwingen. Nichts zieht an ihm und kein Geschirr behindert seine freie Bewegung. Nur ein Hund, der körperlich wirklich frei ist, kann auch im Kopf frei sein und umgekehrt. Ein Hund, der ständig begrenzt wird, kann auch im Geist nicht frei sein und sich entfalten.

Der Oppositionsreflex – ein Anschalter

Auf dem Foto unten kannst du wunderbar erkennen, worum es beim Oppositionsreflex geht. Es lässt sich mit wenigen Worten zusammenfassen: Zug erzeugt Gegenzug, Druck erzeugt Gegendruck.

Was passiert da?

Dieser Reflex lässt sich wie eine Umkehrpsychologie erklären, wobei das Verwehren ein Begehren fördert. Je mehr du deinen Hund zu dir ziehst, desto mehr wird er sich von dir entfernen wollen und andersherum; je mehr du ihn von dir wegschiebst, umso näher möchte er dir kommen. Da dies reflexartig geschieht und somit unterbewusst gesteuert wird, kann der Hund sich nicht aktiv dagegen wehren. Es handelt sich um eine unwillkürliche, rasche und stets gleiche Reaktion deines Hundes auf einen bestimmten Reiz. Ein solcher Reiz kann beispielsweise das Ziehen an der Leine sein. Beim Dauerbrennerthema Leinenführigkeit wurde häufig empfohlen, den Hund zurückzuziehen. Wie bereits beschrieben, wird dich das einem entspannten gemeinsamen Gang an der Leine nicht näherbringen, denn meist tritt das Gegenteil ein. Der Hund zieht noch heftiger, je kräftiger du auf das Halsband oder Geschirr einwirkst. Schnell tritt dann eine Gewöhnung oder Desensibilisierung ein, wobei der Hund den unangenehmen Dauerzug an seinem Hals als normal empfindet und ein Teufelskreis beginnt.

In diesem Fall argumentierst du deinem Hund gegenüber rein aus deiner körperlichen Überlegenheit heraus und verhinderst sein natürliches Verhalten. Dabei sollte gerade die Gemeinsamkeit der Grundgedanke der Leinenführigkeit sein: eine harmonische, wechselseitige Orientierung von Mensch und Hund. Aus meiner Sicht ist es jetzt unsere Aufgabe, diesen Oppositionsreflex umzukehren und dafür zu sorgen, dass sich der Hund nicht mehr durch Zug an der Leine automatisch von uns wegbewegt.

Ausbildungshilfe

Wenn du den Oppositionsreflex kennst und weißt, wie er funktioniert und was er bewirkt, kannst du ihn nutzen, um deinem Hund bestimmte Ausbildungsschritte im Bereich des formellen Lernens eindeutig zu vermitteln. Das heißt: Möchtest du einen Hund, der sich schnell von dir löst, dann halte ihn zurück. Möchtest du einen Hund, der eng bei dir bleibt, dann drücke ihn von dir weg. Doch das nur als eine Information am Rand, die Ausbildung ist ja kein Thema dieses Buches.

Zurück zur Ruhe

Auch bei Begegnungen mit Artgenossen und der oft beschriebenen Leinenaggression kannst du sehr gut erkennen, dass der Zug am Hals deinen Hund förmlich „anschaltet". Uns Hundehaltern

1 Der Hund wird über die Leine begrenzt, es entsteht Zug am Halsband.

2 Der Zug verstärkt sich und der Hund zieht immer stärker dagegen.

3 Die Leine wird entspannt, der Mensch übernimmt die Führung.

4 Schlagartig kehrt wieder Ruhe ein, die der Hund gern annimmt.

fällt es oft sehr schwer, Verständnis für dieses Verhalten zu entwickeln und es dann über eine ganz klare Handlung zu eliminieren. Oft gesellt sich zum Einsatz der beschriebenen körperlichen Überlegenheit (dem Zug an der Leine) auch noch Angst und Hilflosigkeit. Die Leine wird fester und fester, kürzer und kürzer genommen und der Hund immer verrückter – und somit unterbewusst dazu motiviert, auf alles vor ihm im Raum aggressiv zu reagieren. Entfällt der Zug, kehrt schnell Ruhe ein.
Solche Szenarien erleben viele Hundehalter täglich. Benimmt sich der Hund an der Leine wie ein Verrückter, wenn Artgenossen in Sichtweite sind, so verhält er sich hingegen ohne Zug am Hals ganz entspannt und respektvoll.

Fazit

Gerade in solch verfahrenen Situationen musst du dich noch mehr als Mittelpunkt für deinen Hund einbringen, um den Oppositionsreflex abzuschwächen. Dazu brauchst du im ersten Schritt Verständnis für diese Vorgänge und im zweiten eine völlig neue Handlungsstruktur. Um das zu schaffen, ist es hilfreich, wenn du dich in solchen Situationen einmal in Zeitlupe filmen lässt. Dabei kannst du dein Verhalten und die Reaktion deines Hundes sehr gut erkennen.

Die Distanz

Entfernung hat viele Gesichter. Diese Distanz sollte immer mit Ruhe in Verbindung stehen.

Im Folgenden beschreibe ich dir als Erstes die Vermittlung der Distanz in der Wohnung. Das wird deinem Hund auch schnell helfen, allein bleiben zu können. Später kannst du es ihm draußen noch über zusätzliche Schritte weiter erklären.

DEIN HUND ALLEIN ZU HAUSE

(K)ein großes Ding

„Mein Hund bleibt nicht allein zu Hause". Das ist ein immer größer werdendes Thema für viele Hundehalter geworden und folgt gleich nach der

Einfach mal nichts machen. Herrlich für den „Penner“ Hund.

Leinenführigkeit. Was kannst du tun, damit auch dein Hund problemlos allein zu Hause bleibt?
Du kannst deinem Hund über drei einfache Schritte sehr gut vermitteln, dass er sich zu Hause entspannen kann, auch wenn du einmal ohne ihn das Haus verlässt. Diese drei ersten Schritte bilden die grundsätzliche Basis, egal ob bei einem jungen oder einem älteren Hund mit unbekannter Vorgeschichte. Auf diesem Fundament kannst du später weiter aufbauen. Dabei geht es dann wirklich um die Individualität deines Hundes.

Hier gibt es niemals ein „Es geht nur so“! Vielmehr geht es um ein Sowohl-als-auch. Dem einen Hund hilft ein eindeutiges Ritual wunderbar, während es den anderen Hund eher verunsichert. Das hat auch im Kern etwas damit zu tun, wie du persönlich diese Situation bewertest. Also, wie geht es dir dabei, bestimmte Dinge umzusetzen?

Drei einfache Schritte

1. Der erste Schritt hat erst einmal noch gar nichts mit dem Verlassen der Wohnung zu tun. Verfolgt dich dein Hund häufig innerhalb deiner vier Wände, dann solltest du das unterbinden. Denn wenn er nicht allein in einem anderen Raum sein kann, obwohl du gar nicht weg bist, wird es ihm ganz ohne dich erst recht nicht gelingen, entspannt zu bleiben. Fängt dein Hund an, dir ständig zu folgen, wirst du ihn in diesem Fall mithilfe deiner Körpersprache blockieren, also verhindern, dass er dir hinterherkommt. Dabei wirst du ihn nicht ansprechen, nicht unter Signal stellen und nichts von ihm fordern (du verwendest kein „Sitz“, „Platz“, „Bleib“ oder „Geh in dein Körbchen“), du begrenzt nur kompromisslos seinen Bewegungsradius, indem du ihm den Weg versperrst. Anschließend nimmst du den Blick vom Hund weg. Such dir dazu einen Fixpunkt, zum Beispiel ein Bild, oder schau aus dem Fenster. Zähle langsam bis

drei und gehe. Auch nach deiner Rückkehr wirst du den Hund nicht ansprechen, sondern dich neutral verhalten. Es ist doch etwas ganz Normales, dass du dich ohne ihn in deiner Wohnung bewegst, oder? Damit meine ich, dass du mal kurzfristig in die Küche gehst, dir ein Getränk holst und wieder zurückkommst.

2. Akzeptiert dein Hund diese situative Begrenzung nicht, bringst du ihn wieder zu der Stelle zurück, wo er aufgestanden ist. Er muss also nicht in sein Körbchen und er muss auch nicht „Sitz", „Platz" oder „Bleib" machen. Dazu empfehle ich dir ein Hilfsmittel, das sehr sinnvoll ist und das du nur so lange benötigst, bis der Hund dich verstanden hat. Das ist ein Halsband und eine Hausleine. Eine Hausleine ist eine leichte Leine von 2,5 Meter Länge ohne Ösen und Karabiner; es geht auch ein Stück Strick.
   Binde die Leine an das Halsband und mache am Ende einen Knoten in den Strick. Folgt dein Hund dir nun wieder, gehst du zum Ende der Leine, trittst darauf oder nimmst diese in die Hand und blockierst somit wieder sein Weggehen. Erst jetzt nimmst du mit ihm Kontakt auf, sprichst ihn an mit „Auweia", „Mein liebes Fräulein" oder Ähnlichem, verwendest aber bitte nicht seinen Namen. Danach bringst du ihn zu dem Platz zurück, auf dem er vorher lag, und blockierst ihn wieder mittels Körpersprache. Da du dabei die Leine in der Hand hast, muss der Hund dir folgen und du musst ihm nicht ins Halsband greifen (also etwas Unangenehmes in seiner Nähe tun) oder mit ihm diskutieren.
3. Falls dein Hund sehr hartnäckig ist, bringst du ihn, wie in Schritt zwei beschrieben, zurück und kannst ihn an der Stelle, an der er aufgestanden ist (nach der Blockierung durch deine Körpersprache), mit der Leine anbinden und ihn so an einer erneuten „Verfolgung" hindern. Dieser Schritt ist das Mittel der letzten Wahl, wenn du bei Schritt zwei langsam schlechte Laune bekommst oder wenn du keine Zeit hast, in Schritt zwei standhaft zu bleiben. Nach deiner Rückkehr kannst du diese Anbindung natürlich sofort wieder lösen.

Gemeinsame Aktivitäten enden immer in der Ruhe.

Ein Hund muss auch warten können. Das hilft im Alltag in vielen Situationen.

Warum macht mein Hund das?

Hunde, die nicht allein bleiben können, folgen ihren Menschen in der Wohnung oft auf Schritt und Tritt. Sie haben also bereits ein Problem damit, allein zu bleiben, wenn der Mensch sich innerhalb der eigenen vier Wände nur mal kurz entfernt. Warum sollte der Hund es also nun länger schaffen, wenn sein Mensch sich außerhalb der Wohnung aufhält? Dafür ist der Hund nicht gemacht. Er liebt die Gemeinsamkeit und nicht die Einsamkeit. Aber: Er kann das Alleinsein lernen, und je eher das für ihn ganz normal ist, umso leichter wird er sich damit tun.

Entweder kommt dir dein Hund hinterher, weil er glaubt, etwas zu verpassen, oder er hat wirkliche Verlustängste. Egal, was es ist, es ist nicht gut. Die oben beschriebenen Schritte tust du für deinen Hund. Das muss deine klare innere Haltung sein. Du bist ihm eine große Stütze und es ist zu seinem Besten. Dein Hund muss die Ruhe erhalten, die er so dringend benötigt.

Bewegung ist wichtig, aber ...

Genau das braucht dein Hund. Er braucht Bewegung und am besten mit dir gemeinsam und am besten draußen. In der Wohnung ist Entspannung angesagt, denn die ist ebenso wichtig.

Da unsere Hunde einen gänzlich anderen Schlaf-wach-Rhythmus haben als wir Menschen, benötigen sie auch viel mehr Ruhe. In der Regel sind es täglich rund 18 bis 20 Stunden, die ihnen wirklich guttun.

Sich einmal zu beherrschen, ist ein guter Start in die Distanz und Ruhe.

Diese Zeit ist wichtig, damit dein Hund die vielen Reize, die auf ihn einwirken, wenn er mit dir zusammen ist, auch verarbeiten kann. Fehlt diese Zeit der Entspannung, fehlt also auch die Zeit der Reizverarbeitung. Das führt schnell zu völlig überdrehten bis hin zu ständig kränkelnden Hunden. Schlafentzug ist die schlimmste Art der Folter.

Einsam oder gemeinsam

Damit es für dich von Anfang an ganz einfach ist, empfehle ich dir zum Start eine klare Regelung: Veränderst du deinen Platz nur kurzfristig, gehst also beispielsweise vom Wohnzimmer ins Bad oder in die Küche, dann folgt dein Hund dir nicht, und wenn doch, wirst du ihn über die oben beschriebenen drei Schritte daran hindern. Veränderst du deinen Aufenthaltsort längerfristig, gehst also zum Beispiel in die Küche und bereitest ein Essen zu oder legst dich ins Bett und liest ein Buch, dann lädst du deinen Hund aktiv ein, bei dir zu sein, und nimmst ihn mit. An diesem Ort gilt dann wieder die gleiche Regel: **Kurze Änderung deines Aufenthaltsortes – der Hund folgt dir nicht. Längere Veränderung – du nimmst deinen Hund aktiv mit.**

Fazit

Kann dein Hund nicht allein bleiben, ist der erste Schritt immer, dass er lernt, deine Abwesenheit auszuhalten, wenn du noch in der Wohnung bist. Dabei werden dich die oben genannten drei Schritte gut unterstützen. Danach geht es immer über eine individuelle Lösung weiter, die deinem Hund schnell Sicherheit und Ruhe bringt. **Die drei Schritte sind auch der Weg zu Distanz, die du später einmal brauchst, zum Beispiel wenn dein Hund im Eiscafé im Schatten liegt, während du dein Eis in der Sonne genießt.**

Und schon sind wir beim nächsten Schritt, dem Schritt zur Distanz. Schaffe deinem Hund eine Ruhezone, die er überall gern aufsucht. Der Ablauf ist so ähnlich wie der oben beschriebene Ablauf in der Wohnung. Ich erkläre ihn dir aber trotzdem noch einmal, da es kleine Änderungen gibt.

DIE RUHEZONE

Die Ruhezone ist eine Komfortzone für deinen Hund. Wenn du ihm eine solche Zone schaffst, wird es dir möglich sein, dass er viele Reize eigenständig verarbeitet und dazu noch eine wunderbare Lösung findet: Ruhe.

Handlungsschritte

1. Leg eine Decke oder Matte aus. Diese muss so groß sein, dass der Hund sich entspannt darauf ausbreiten kann. Beginne damit am besten wieder in einer Situation, in der du dich sicher und wohl fühlst, zum Beispiel bei dir zu Hause im Wohnzimmer.
2. Bring den Hund freundlich und ruhig am Halsband mit einer Leine zur Decke. Begrenze ihn auf der Decke mittels deiner Körpersprache und lass die Leine fallen. Wende deinen Blick vom Hund, suche dir stattdessen einen festen Blickpunkt. Schau aus dem Fenster oder auf einen Baum. Zähle ruhig bis fünf und verlasse den Hund. Bleibt der Hund liegen, behalte ihn am Anfang im Blick, ohne dass du ihn direkt anschaust. Lass ihn in der Lernphase so lange liegen, bis er sich selbstständig hinlegt, seinen Kopf ablegt, abschnauft und die Augen schließt. Das kann schon mal dauern und ist von Hund zu Hund verschieden.
3. Folgt dir dein Hund, dann nimm ihn mit der Leine wirklich komplett von der Decke und informiere ihn mithilfe deines Signals für „Fehler“, dass er etwas falsch gemacht hat, gefolgt von einem eindeutigen Störer, dass das nicht die richtige Lösung ist. Der Hund muss wirklich weit, mindestens zwei Meter, von der Decke weggeführt werden, damit er den Störer nicht mit der Decke verknüpft. Führe ihn danach wieder auf die Decke wie unter Punkt 2 beschrieben.
4. Nach einem Störer lobst du deinen Hund auf der Decke, bevor du den Blick von ihm nimmst. Streichle ihn dazu ganz ruhig drei Mal in Wuchsrichtung des Fells an einer Stelle, an der er es gern hat. Ich empfehle dir immer die Brust oder die Lefzen. Fährt dein Hund bei der Berührung hoch, lass diese Berührung einfach weg. Danach entfernst du dich wieder von der Decke und lässt ihn da zurück.
5. Der Hund muss sich auf der Decke weder setzen noch legen. Verwende daher kein Kommando. Es muss seine Lösung werden, dass er sich hinlegt, abschnauft, den Kopf ablegt und auch seine Augen schließt.

Wann und wo?

- Starte jeden Spaziergang so, dass du deinen Hund 15 Minuten, bevor es losgeht, auf seine Decke bringst.
- Führe den Hund nach dem Aussteigen aus dem Auto auf seine Decke. Das Ziel ist, dass er da drei Minuten bleibt und du dich außer Sichtweite begibst.

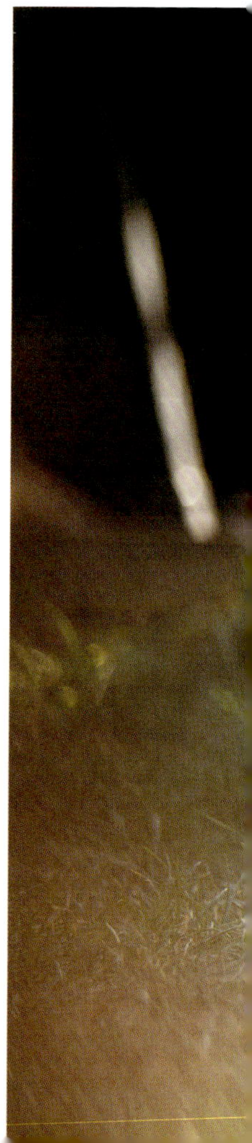

- Ebenso kannst du diesen Ablauf vor dem Einsteigen ins Auto durchführen. Auch hier ist das Ziel, dass dein Hund drei Minuten dableibt, während er dich nicht sieht.
- Nach dem Spaziergang darf der Hund zu Hause mindestens so lange auf seiner Decke liegen, wie ihr vorher gemeinsam unterwegs wart. Noch besser ist die doppelte Zeit.

Wichtig!

- Sorge immer dafür, dass dein Hund sicher ist. Am Anfang ist es sinnvoll, ihn über eine zweite Leine zu sichern. Diese Leine sollte so lang sein, dass er die Decke komplett verlassen kann, sich aber nicht in Gefahr bringt. Diese Leine befestigst du am Geschirr.
- Lege deinen Hund immer auf einen trockenen und schattigen

Von Anfang an richtig gelernt, schaffen es auch junge Hunde.

Platz. Ist es sehr kühl, darf es auch ein Sonnenplatz sein. Wichtig ist, dass sich dein Hund dabei wohl fühlt.
- Sorge dafür, dass dein Hund vorher trinken kann und dass ihm Wasser frei zur Verfügung steht, wenn er länger warten muss.

Auflösung

Wenn du deinen Hund wieder von der Decke abholst, verwendest du ein körperliches Ritual, das mindestens 15 Sekunden dauert. Das kann zum Beispiel so aussehen:
Stell dich einen Meter vor die Decke, nimm den Blick vom Hund. Schau auf einen festen Punkt. Zähle ruhig bis fünf. Dein Hund darf sich gern schon nach dir ausrichten, hinsetzen oder aufstehen, aber die Decke noch nicht verlassen. Tritt jetzt direkt an die Decke, dein Blick fällt dabei freundlich ins Hundegesicht, zähle ruhig bis fünf. Streichle den Hund dreimal ruhig in Wuchsrichtung des Fells ab. Nimm die Leine in die Hand und verlass gemeinsam mit deinem Hund die Decke.
Sollte es passieren, dass der Hund die Decke schon während des Rituals selbstständig verlässt, nimm ihn, wie oben beschrieben, mit einer Störung wieder komplett von der Decke und bring ihn danach wieder zur Decke zurück. Jetzt zählst du ruhig bis fünf und beginnst erneut mit deinem Abholritual.

Absicherung

Wenn der Ablauf für dich klar ist und dein Hund ihn schon verstanden hat, fang sofort damit an, ihn in Versuchung zu führen. Locke ihn von der Decke weg, bitte Personen, deinen Hund anzusprechen, verführe ihn mit Futter oder wirf seinen Lieblingsball an ihm vorbei. Steht er auf, bringst du ihn mit den oben genannten Handlungsschritten immer wieder zurück. Bleibt er liegen, spricht nichts dagegen, dass du ihn einmal ruhig lobst und streichelst oder ihm kommentarlos und ohne Blickkontakt einige Futterbrocken auf die Decke wirfst.

Der Hund kann so Reize auch eigenständig verarbeiten – in der Ruhe.

Signal einführen

Erst wenn der Ablauf sitzt, führst du dafür ein Signal ein. Das können zum Beispiel die Wörter „Decke", „Pause", „Ruhe", „Siesta" sein oder was auch immer dir gefällt. Verwende kein Signal, das du schon nutzt oder das so ähnlich klingt. Das Signal gibst du immer dann, wenn du deinen Hund auf die Decke geführt hast und er schon mit dir auf der Decke steht. Im nächsten Schritt möchte ich dir noch vermitteln, wie der Start (in diesem Fall aus dem Auto) erfolgen kann. Auch ist neben der Ruhe die Distanz ein wichtiges Element, damit sich dein Hund an dir orientiert und ruhig auf eure Runde startet.

DER ANFANG – AUSSTEIGEN AUS DEM AUTO

Was in Ruhe beginnt, geht in Ruhe weiter. Verliere deinen Hund nicht mehr schon beim ersten Schritt. Du bist für seine Sicherheit verantwortlich, und das beginnt bereits beim Aussteigen aus dem Auto. Du lädst deinen Hund ein, in deinen sicheren Raum zu kommen. Damit ist von Anfang an gewährleistet, dass deinem Hund nicht selbst eine Verantwortung übertragen wird.

1

2

3

Handlungsschritte

1. Öffne den Kofferraum, die Seitentür oder die Hundebox ganz bewusst und sicher, ohne jedes Zögern. Verwende dabei kein akustisches Signal wie „Warte“ oder „Bleib“.
2. Schiebt der Hund sich nach vorn in deinen Raum, setzt er also schon an, die Box zu verlassen, folgt sofort die Information „Fehler“, verbunden mit einem Störer, was in diesem Fall das Schließen des Kofferraums, der Tür oder der Hundebox ist, also eine starke räumliche Begrenzung – Stubenarrest sozusagen. Die Tür schließt sich wieder und du trittst zwei Schritte zurück.
3. Zähle ruhig bis fünf und wiederhole den Vorgang. Bleibt der Hund in seiner Box oder im Auto, lobe ihn ruhig, indem du ihn dreimal an der Brust in Wuchsrichtung des Fells abstreichst.
4. Leine deinen Hund am Halsband an, tritt zwei Schritte, auf Leinenlänge, zurück, während dein Blick bei ihm bleibt und du ihm die ganze Zeit frontal gegenüberstehst.

»All deine Handlungen müssen souverän und ruhig sein. Kein Zögern oder Diskutieren. Lass alle akustischen Signale unbedingt weg.«

1 Die Hunde orientieren sich am Menschen.

2 Der Mensch gibt den Raum frei und lädt den Hund ein.

3 Nach dem Aussteigen steht der Hund sofort bei seinem Menschen.

Dann gehst du zu deinem Hund zurück und lobst ihn dreimal ruhig.

5. Tritt erneut zwei Schritte zurück, dein Blick bleibt auf deinem Hund. Baue leichten Zug über die Leine auf. Zieht er leicht dagegen, geh zum Hund zurück und lobe ihn dreimal ruhig.
6. Geh wieder zwei Schritte zurück, während dein Blick zum Hund gerichtet ist. Lade ihn dann mit der Hand ein, in die Richtung zu schauen, in die er gehen soll. Schau dabei nicht zum Hund zurück, sondern stell deinen Körper seitlich zu ihm und verlasse die frontale Position mit Blick zum Hund.
7. Ist der Hund ausgestiegen, geh mit ihm sofort ins gemeinsame Stehen über. (Siehe ab Seite 50.)

Wichtig!

– Immer wenn der Hund in deinen Raum hineindrängt, also selbstständig die Box verlassen möchte, oder aufgeregt ist, kehr sofort wieder zu Punkt 2 zurück und führe ab da die Handlungsschritte weiter.
– Bleib bis zu Punkt 6 immer frontal zum Hund und mit Blick zu ihm stehen. Das ist körpersprachlich ein ganz eindeutiges Stoppsignal.
– Schau bei Punkt 6 nach der Einladung nicht zum Hund zurück, sondern genau dahin, wo er hingehen soll. Sollte Spannung auf der Leine entstehen, geh einfach einen Schritt nach vorn, bis dein Hund folgt. Orientiert er sich daraufhin nach dem Aussteigen sofort an dir, lobe ihn direkt dreimal ruhig.

Immer ein gleiches Bild

Hunde lernen über Bilder und Handlungsschritte. Das Aussteigen aus dem Auto muss immer gleich ablaufen, damit es der Hund schnell verinnerlicht. Nach drei Wiederholungen hat der Hund dich verstanden. Ist das nicht der Fall, beende die Aktion und überdenke sofort deine Handlungen. Als Unterstützung kannst du dich dabei filmen lassen, dann wirst du schnell sehen, woran es liegen könnte.

Schwierigkeit erhöhen

Sobald du diesen Vorgang verinnerlicht hast und dein Hund in seinem Raum (also im Innenraum deines Pkw, im Kofferraum oder in seiner Box) bleibt, bis du ihn zu dir einlädst, erhöhe die Ablenkung. Locke ihn mithilfe von Menschen, Futter oder einem Ball aus der Box. Verfahre dabei weiterhin genau nach den beschriebenen sieben Punkten. Immer wenn der Hund dem Reiz folgen möchte und ansetzt, den Innenraum, den Kofferraum oder die Box zu verlassen, startest du sofort wieder mit Punkt 2.

Die disziplinierte Umsetzung dieses Rituals wird schnell viel Ruhe in eure Hunderunden bringen.

Auch für das Verlassen der Wohnung oder des Hauses gilt der gleiche Ablauf. Beachte dabei nur, dass du in diesem Fall am Anfang gemeinsam mit deinem Hund in der Wohnung oder im Treppenhaus stehst. Ansonsten sind die Handlungsschritte völlig identisch. **Lass diese Schritte zu einem festen Ritual werden, auf das sich dein Hund wirklich immer verlassen kann. Das gibt schnell viel Sicherheit.**

Gemeinsam geht es in die Welt.

Das Abbruchsignal – „Ende“

Es muss dir in jeder Situation möglich sein, alle Aktionen deines Hundes zu beenden. Dein Hund macht aus seiner Sicht nie einen Fehler. Manche seiner Aktionen könnten jedoch ihn oder andere in Gefahr bringen. Übernimmst du hier eine klare Führung, hat dein Hund viel Freizeit, die er unbedingt für sich benötigt.

EIN KLARER JA-NEIN-DIALOG

Um dem Hund dieses Signal zu erklären, verwende ich im ersten Schritt Futter. Futter ist dabei ein Stellvertreter für „Katze“, „Reh“, „Ball“, Interaktion mit Hunden oder auch Kontakte zu Menschen.

Handlungsschritte

1. Es beginnt alles wieder in deiner Nähe und der Hund ist über eine Leine gesichert. Am besten steht ihr euch gegenüber oder du bückst dich auf Hundehöhe zu ihm hinunter. Die Sicherung über die Leine ist sehr wichtig. Dein Hund könnte dir jetzt ganz viele Lösungen anbieten. Er kann dich meiden, also von dir weggehen. Er kann dich angreifen oder dich bedrängen, also Aktionen in deine Richtung ausführen. Er kann auch passiv sein oder unterwürfig, also nichts tun. Das alles möchtest du nicht. Die Lösung muss sein: Hör bitte auf mit dem, was du gerade tust.
2. Wenn ihr euch jetzt gegenüberhockt, nimm das erste Futterstück. Schau es an und sage jetzt „Ja“ oder „Nein“. Das bedeutet: Nimm es oder lass es. Danach legst du es vor deinen Hund. Ich empfehle dir, immer mit „Ja“ zu beginnen und das ruhig dreimal zu wiederholen. Nimm dir dafür Zeit. Erst wenn du gesagt hast, ob es um „Ja“ oder „Nein“ geht, legst du es vor deinen Hund. Bei „Ja“ darf er sich das Futter nehmen. Nimmt er es nicht, wiederholst du das Signal nicht, sondern nimmst das Futterstück sofort in die Hand und gibst es ihm:

1

3. Nun kommt das erste „Nein“. Der Ablauf ist wieder gleich: Futterstück nehmen. Anschauen. „Nein“ sagen. Futterstück vor den Hund legen. Will der Hund an das Futter, schirme es blitzschnell mit deiner Hand ab, decke es zu oder verteidige es, indem du den Hund zurückdrängst. Das Futter, das nun mit „Nein“ belegt ist, bleibt liegen und du verteidigst es. Jetzt folgt nämlich sofort wieder ein „Ja“. Achtung: Will der Hund das Futterstück, das mit „Nein“ belegt ist, danach noch nehmen – verteidige es.
4. Wechsle jetzt in loser Folge „Ja“ und „Nein“ ab. Denke immer daran, dass bei „Nein“ das Futter liegen bleibt. Hast du dies deinem Hund erfolgreich vermittelt, hebst du alle mit „Nein“ belegten Futterstücke wieder auf. „Nein“ heißt „Nein“. Starte gleich darauf noch eine zweite und dritte Runde. Über den Tag verteilt empfehle ich dir dreimal drei Runden.
5. Nach kurzer Zeit hat dein Hund dieses Prinzip in der Regel verstanden. Weite es danach gleich auf alles aus, was dir so einfällt: Bälle, Zerrseile, Frisbeescheiben usw. Der Ablauf bleibt der gleiche wie mit den Futterstücken. Der Hund ist dabei weiterhin in deiner Nähe und an einer Leine gesichert. Erst wenn ihr beide sicher seid, entfernst du die Leine, bleibst aber mit deinem Hund noch in einem begrenzten Raum. Das kann tatsächlich ein Raum sein, also zum Beispiel ein Zimmer, das Treppenhaus, die Tiefgarage oder ein kleiner Vorgarten. Klappt es auch da schon in der Bewegung in einem engen Bereich gut, erweiterst du langsam diese Räume.

1 Die Beute gehört dem Menschen.

2 Der Hund setzt nicht nach und bedrängt auch nicht.

2

6. Geh dabei mit deinem Hund keine „Tauschgeschäfte" ein. Ich biete auch keine Alternative an, nach dem Motto: Lässt du das, bekommst du dies. Wie ich bereits betont habe, heißt „Nein" wirklich immer „Nein", und „Ja" bedeutet immer „Ja". Darauf muss sich dein Hund felsenfest verlassen können.

„Ja" und „Nein" kannst du durch deine eigenen Signale ersetzen. Bei mir heißt das „Ja" zum Beispiel „Daddeldu" und das „Nein" heißt „Ende". Wenn du diese Signale weiterhin richtig vermittelst, wird der Hund bei „Daddeldu" alles machen, was er möchte, und bei „Ende" wird er alle Aktionen, mit denen er gerade beschäftigt ist, beenden. Beherrscht der Hund diesen Dialog, bekommt die Freizeit viel Qualität.

DER SCHNELLE WEG – TRICKS UND KNIFFE

Dich interessiert eine schnelle Lösung? Hast du wirklich geglaubt, es gibt eine Abkürzung? In diesem Fall empfehle ich dir ein anderes Buch. Oder du beginnst tatsächlich noch mal ganz am Anfang und arbeitest dich bis hierher durch. Es wird sich lohnen.

Es gibt nur dich und deinen Hund. Es gibt nur deinen Weg. Alles, was ich dir dazu mitgeben möchte, sind Anregungen. Nutze meine Erfahrungen, die mich viel Zeit und Kraft gekostet haben. Erspare dir diese Umwege. Das ist Abkürzung genug.

DER ABBRUCH AN DER BEUTE

Wenn der Hund den Ablauf von „Ja“ und „Nein“ verstanden hat, kannst du daraus auch ein Spiel machen.

1.
Die Beute gehört dem Menschen, der Hund wartet.

2.
Die Beute wird durch den Menschen frei gegeben.

3.
Der Hund greift sich die Beute und hält diese fest.

4.
Auf das Abbruchsignal hin trennt sich der Hund von der Beute.

5.
Und schon kann es von vorn beginnen. Warten, Freigabe, Halten usw.

Richtiges Loben

Alle Störungen, also alles, was dem Hund unangenehm ist, tue ich nur, damit ich es möglichst bald nicht mehr tun muss. Die Basis zwischen dir und deinem Hund sollte immer ein herzliches Lob sein.

Wenn ich mich ihm liebevoll und ehrlich zuwende, sollte ihm das nur positive Gefühle bereiten. Oder wie es Hundetrainer Thomas Baumann sagt: „Das Herz für unsere Hunde sollte nicht in der Hosentasche liegen." Aber auch beim richtigen Loben gibt es einige Dinge zu beachten. Da es mir so am Herzen liegt, hier noch ein kleiner Lobratgeber.

DER RICHTIGE ZEITPUNKT

„Man kann seinen Hund nicht genug loben." Häufig lese ich das in den sozialen Netzwerken und der Satz wird auch ständig von Hundetrainerinnen und -trainern bemüht, um zu verdeutlichen, dass sehr viel Lob unbedingt nötig ist. Täglich erlebe ich bei meinen Terminen aber auch, dass zu viel, individuell unangebracht und zum völlig falschen Zeitpunkt gelobt wird. Dabei ist es so wichtig, dass das Lob vom Hund wirklich als solches verstanden wird. Was ist also beim Loben wichtig?

Ein Lob muss ehrlich sein, sonst ist es nutzlos.

Wofür war das jetzt?

Der Hund muss das Lob mit seiner Handlung in Verbindung bringen können. Du hast genau 0,5 bis 2 Sekunden Zeit, um ein ausgezeichnetes Verhalten richtig zu loben. Genauso wie im Training das Timing sitzen

Kommt das Lob beim Hund an, genießt er es.

muss, ist es auch im sozialen Miteinander nötig, den richtigen Zeitpunkt zu wählen, wann du deinen Hund lobst.

Falsche Verhaltenskette Das ist nicht immer selbstverständlich. Der Hund wird zum Beispiel gelobt, wenn er zu seinem Menschen zurückkommt. Eigentlich möchte dieser aber belohnen, dass der Hund bei ihm bleibt. So kann es sehr schnell passieren, dass sich eine Verhaltenskette bildet, die nicht gewünscht ist. Der Hund möchte das Lob, das er erhält, wenn er zurückkommt, möglichst oft empfangen. Damit das passiert, muss er natürlich erst einmal vom Menschen weggehen, um anschließend wieder zu ihm zurückkommen zu können. Das eigentliche Ziel, dass der Hund bei seinem Menschen bleibt, rückt so in weite Ferne.

Wo passiert das oft? Gerade beim Dauerbrennerthema Leinenführigkeit beobachte ich genau dieses Verhalten sehr häufig. Der Hund hat es perfekt verstanden und pendelt nun ständig hin und her. Damit meine ich ganz konkret: Er geht vom Menschen weg, wird gestört oder ignoriert (je nachdem, wie die Leinenführigkeit dem Hund vermittelt werden soll) und kommt zum Menschen zurück. Während er herankommt, wird er schon gelobt und ist kurz darauf auch schon wieder verschwunden, um erneut zurückzukommen und sich sein dickes Lob abzuholen.

Die Lösung Viel schneller wird der Hund die richtige Lösung finden, wenn du kurz wartest, nachdem er wieder bei dir ist. Zähle einfach langsam bis fünf und lobe ihn erst danach. So hat dein Hund die Chance, das Lob damit zu verbinden, dass er bei dir ist, und nicht damit, dass er zu dir kommt.

Kleine Hunde kann man zum Loben auch ruhig mal zu sich hochnehmen.

DAS RICHTIGE LOB

Auf Seite 85 habe ich etwas über den richtigen Zeitpunkt geschrieben, damit dein Hund das Lob auch wirklich mit der Handlung verbindet, die du loben möchtest.
Aus meiner Sicht werden unsere Hunde zu oft mit Liebe förmlich überschüttet, wogegen sie sich nicht wehren können. Ein ehrliches, herzliches Lob, das eine Anerkennung ihrer Hundepersönlichkeit darstellt, fehlt leider sehr oft. Das schwäbische Modell „Nicht geschimpft ist genug gelobt" kann deinen Hund nicht unterstützen, sich in unserer komplexen Menschenwelt sicher zurechtzufinden.

Das passende Lobprogramm

Die Wahl des passenden Lobes ist ganz wesentlich. Es ist einfach. Möchtest du Ruhe, musst du auch ruhig loben. Möchtest du stattdessen Action oder Geschwindigkeit, musst du aktiver loben. Wähle einfach immer das passende Lobprogramm.

Ruhiges Lob oder dynamisches Lob

Ein **ruhiges Lob** kann zum Beispiel ein langsames Abstreichen des Hundes in Wuchsrichtung des Fells sein, bevorzugt an der Stelle, an der es dein Hund am meisten genießt. Es ist auch möglich, den Hund zu unterstützen, indem du ihm ganz ruhig etwas Futter gibst.

Das **dynamische Lob** hingegen ist geprägt von schnellen Bewegungen. Das kann ein kurzes körperbetontes Spiel (ohne Hilfsmittel) sein. Einige Hunde schaltet es auch förmlich an, wenn man mit ihnen einige Schritte schnell und im wechselnden Tempo läuft. Eine andere Möglichkeit ist der Einsatz von Zieh- und Zergelhilfsmitteln. Ein kurzes Zerrspiel, bei dem dein Hund übrigens auch ruhig gewinnen darf, sorgt meist ganz schnell für viel Aktion.

Fehlverknüpfungen

Ist der Hund zum Beispiel bei dir und es geht darum, dass ihr gemeinsam wartet oder entspannt gemeinsam unterwegs seid, ist das ruhige Lob die erste Wahl. Auch wenn du dich noch so freust, dass der Hund nicht sofort auf einen Menschen zustürmt, mit dem du dich gerade unterhältst, halte an dich und lobe deinen Hund ganz bewusst ruhig. Du möchtest ja in dieser Situation Ruhe haben, also musst du auch ruhig bleiben und Ruhe

1

2

1 Dynamisches Lob bringt Bewegung ins Team.

2 Ruhiges Lob erhöht auch den gemeinsamen Focus.

ausstrahlen. Oft erlebe ich, dass der Hund gerade in der oben beschriebenen Situation dynamisch gelobt wird, zum Beispiel durch ein schnelles Wuscheln im Hundefell, untermalt von einer sehr anregenden Akustik über die menschliche Lautsprache. Jetzt dreht der Hund schnell hoch und wird dafür wieder mit einem „Ordnungsgong" zur Ruhe aufgefordert. Doch wer war in dieser skizzierten Situation jetzt der Verursacher? Richtig, der Mensch. Der Hund hat nur passend reagiert und wirklich alles richtig gemacht.

Bewusster Einsatz

Lege doch in den nächsten Tagen deinen Fokus einmal ganz bewusst auf das Lob. Du wirst verwundert sein, wie effektiv es ist, Ruhe mit Ruhe und Aktion mit Aktion zu belohnen. Bei einem erfolgreichen Rückruf zum Beispiel kann es gar nicht genug Aktion geben, und die muss schon beginnen, wenn dein Hund mit wehenden Ohren zu dir gerannt kommt. In dieser Situation willst du ja einen dynamischen, schnell zu dir eilenden Hund. Da ist also deine Motivierung gefragt und du kannst alles auspacken, was deinen Hund dazu bringt, echt Vollgas zu geben. Gib alles!

»Hundeerziehung ist disziplinierte Fleißarbeit, mit Herz und Verstand.«

Nimm dir Zeit und genieße das ruhige Lob.

Deine zeitliche Planung

Wie gehst du jetzt am besten vor? Womit fängst du an und wie lange dauert das alles? Dazu werde ich dir im Folgenden einige Orientierungspunkte geben.

Wichtig dabei ist: Orientiere dich immer an dir selbst und an deinem Hund. Das eine Team schafft es in der vorgeschlagenen Zeit und das andere Team braucht eben länger. Nimm dir genau deine Zeit, aber verzettle dich nicht.
Nach drei Wiederholungen einer Übung sollte dein Hund anders reagieren. Ist das nicht der Fall, mach sofort eine Pause und reflektiere. Wo liegt der Fehler? Kommt deine Störung an? Kommt dein Lob an? Ist dir der Ablauf klar?
Ist die Reaktion deines Hundes in Ordnung und er findet die richtigen Lösungen, dann nimm seine Pfote und versprich ihm, dass du dich ab jetzt immer genau so verhalten wirst. Es geht hier eben nicht um Training, um Versuche oder um das Ausprobieren. Es geht darum, dass dein Hund dich und deine Handlungen einschätzen kann. Dadurch bekommt er eine „Planungssicherheit", die zu einem starken Vertrauen führt.

KONFLIKTE – VERSUCHUNGEN – AUSRUTSCHER

Unweigerlich wirst du Versuchungen ausgesetzt sein. Hast du deine Ziele eindeutig definiert, sind Fehler lediglich kleine Ausrutscher, die dich nicht zurückwerfen. Solange du am Ball bleibst, geht es Schritt für Schritt vorwärts. Nicht einzelne Momente, sondern der gesamte Prozess bestimmt deinen Erfolg.

Gib deinem Hund ein Versprechen – auf mich kannst du dich ab sofort verlassen!

»Alles, was ich dir als klare Handlungsschritte beschrieben habe, regelt grundlegend das WAS. Lebe es echt aus vollem Herzen über dein WIE – das sichert deinen Erfolg ab.«

Nun möchte ich dir einige **Konflikte** aufzeigen, die du während des Lernprozesses vermeiden solltest.

- Lass deinen Hund nicht mit Artgenossen spielen, während das neue Verhalten noch nicht belastbar ist. Hab kein Mitleid – das ist reines menschliches Kopfkino.
- Gib nicht dem Gefühl nach, der Hund müsse doch frei auf der Wiese toben können und ausgelastet sein.
- Vermeide zeitliche Unausgewogenheit zwischen deinem neuen Weg und den Ruhezeiten.
- Spaziergänge mit Artgenossen verunsichern deinen Hund während des Prozesses. Du willst ja der Mittelpunkt werden.

Such eine Beschäftigung, die euch beiden Freude macht.

– Stadtspaziergänge in der Gruppe lenken dich und deinen Hund vom Wesentlichen ab.
– Verzichte auf neue Auslastungsmodelle aller Art, bevor der Prozess abgeschlossen ist. Sie verursachen garantiert neue Schwierigkeiten und größere Probleme.
– Führ deinen Hund nicht in Situationen, die ihr zusammen noch nicht meistern könnt.

Und wie geht es danach weiter?
Je eindeutiger du deinem Hund das neue Miteinander vermittelst, umso schneller wirst du dein Ziel erreichen, und dein Hund kann wieder sehr viel Freizeit genießen, die er unbedingt benötigt.

»Hunde benötigen keine langwierigen Prozesse, sondern Planungssicherheit in den Handlungen von uns Menschen.«

EIN ZEITPLAN

1. Ich empfehle dir, mit der Ansprache zu starten. Widme dich ganz diszipliniert und sehr intensiv drei Tage lang diesem Thema. Alle weiteren Schritte werden umso leichter, je besser dein Hund dir wirklich zuhört. Ändere in diesen drei Tagen sonst noch nichts. Gehe mit deinem Hund weiterhin so um wie immer.
2. Ab Tag 4 beginnst du mit dem Stehen und damit, dass dein Hund zu Hause zur Ruhe kommt. Das bedeutet konkret, dass er dir nicht mehr innerhalb der Wohnung folgt, wenn du kurzfristig deinen Aufenthaltsort änderst. Dazu integrierst du auch noch das Stehen. Nimm das jetzt mit dazu und ändere sonst an eurem Miteinander

Macht die Beschäftigung dir Freude, sind die Hunde gern dabei.

nichts weiter. Mach alles so wie immer. Die Ansprache vertiefst du weiterhin.
Zusätzlich steigst du mit deinem Hund jetzt bei jeder Autofahrt in Ruhe aus. Dieser ruhige Start findet auch an jeder Tür statt. An der Wohnungstür, an der Haustür, im Büro und überall da, wo du von einem Raum in den anderen Raum wechselst. Ein kleiner Schritt mit großer Wirkung.

3. Einen Tag später, also ab Tag 5, zeigst du auch im Gehen das gleiche Verhalten wie im Stehen. Du beginnst also mit dem gemeinsamen Gehen. Zusätzlich startet jetzt jede Aktivität von der Komfortzone aus und endet auch da. Die Ansprache, der ruhige Start, das Gehen und das Stehen integrierst du jetzt immer in euren Alltag. Festige so diese Verhaltensweisen.

4. Jetzt bist du bei Tag 6 angelangt und beginnst, deinem Hund das Abbruchsignal zu vermitteln. Innerhalb von drei Tagen hat dein Hund in aller Regel das Prinzip verstanden und du kannst es – außer auf den Stellvertreterkonflikt Futter – jetzt auch auf weitere Verhaltensweisen ausweiten. Alle oben schon genannten Schritte behältst du bei und vertiefst dieses Verhalten weitere 20 Tage.

»Hunde lernen in Bildern. Zeige daher immer gleiches Verhalten und dein Hund wird schnell die Lösung finden und als Wahrheit akzeptieren.«

Was er wohl denkt? Es wird immer sein Geheimnis bleiben.

Eine Übersicht deines Zeitplans findest du nochmals ganz deutlich in der hinteren Umschlagklappe. Bei disziplinierter und fleißiger Umsetzung wirst du schon ab dem Start ins Gehen eine große Veränderung registrieren. Bleib in deinem Tempo und nimm dir die Zeit, die ihr wirklich braucht. Denke aber auch daran: Je eindeutiger du deinem Hund dein neues Verhalten zeigst, desto schneller wird er es als Wahrheit annehmen und dir folgen und sich auch immer mehr an dir orientieren.

PAUSEN

Der wichtigste Punkt sind deine Pausen. Ich habe festgestellt, dass die oben beschriebenen Handlungsschritte deinen Hund körperlich und auch geistig sehr belasten und dich wahrscheinlich auch. Ein Hund, der schon einmal ein anderes Verhalten erlernt hat, muss umlernen. Das ist sehr anspruchsvoll und bedarf viel mehr Konsequenz, als wenn er sich etwas neu aneignen muss. Ich kann mir außerdem vorstellen, dass auch du einiges völlig neu lernen musst. Dazu ist deine Achtsamkeit ganz wichtig, damit du nicht in alte Handlungsmuster zurückfällst.

Und genau aus diesem Grund sind eure Pausen wichtig. Es hat sich bewährt, den Hund in dieser Lernphase an Geschirr und Halsband zu führen. Das Geschirr zeigt dabei, dass ihr im Freizeitmodus seid. Hängst du ihn ins Geschirr ein und erteilst ihm seine Freigabe zur Freizeit, darf er machen, was er möchte. Diese Zeit benötigt er unbedingt für sich selbst – und du auch. Meine Empfehlung dazu ist die 80/20-Regel. Zu 80 Prozent übernimmst du die Führung und zu 20 Prozent dein Hund. Ist das Verhalten verinnerlicht, kannst du alles jederzeit neu verhandeln.

Der Dobermann mit der Ente

Eine eindrucksvolle Geschichte zur Umerziehung beschreibe ich dir hier ganz kurz. Bestimmt kannst du daraus auch für dich etwas mitnehmen.

Mir wurde ein dreijähriger Dobermann vorgestellt. Die Besitzer wussten nicht weiter. Dieser Hund jagte alles, was sich bewegte. Andere Hunde, Radfahrer, Katzen. Dabei versetzte er täglich alle in Angst und Schrecken. Er war in diesen Momenten nicht mehr ansprechbar und ein Rückruf war völlig unmöglich.

Die Menschen dachten jetzt über zwei Möglichkeiten nach. Sie wollten ihm ein neues Zuhause suchen oder ihn für immer an der Leine führen, hatten sie doch schon alles versucht. Aus ihrer Sicht.

Als ich dem Hund das erste Mal begegnete, zeigte er sofort das oben genannte Verhalten. Bei der kleinsten Bewegung wollte er hinterher. Schon ein Blatt, das über den Boden wehte, war für ihn zu viel Bewegung. Geführt wurde er an einem Halsband und an einem Geschirr. In solchen Situationen hielten ihn zwei Menschen fest. Kein schönes Bild für einen so stolzen Hund.

Nach einer gründlichen Analyse des Hundelebens und der Vermittlung der Theorie folgten die Hausaufgaben. Die Besitzer sollten eine Liste aufstellen, was der Hund mag und was nicht. Die linke Seite, auf der notiert wurde, was er mag, füllte sich schnell. An Position eins war ganz eindeutig die Möhre ausgemacht. Dieser Hund ließ für Möhren wirklich alles stehen und liegen. Doch die rechte Seite, auf der eingetragen werden sollte, was er nicht mag, was ihn negativ beeindruckt, was er vermeiden möchte und was ihm schlechte Gefühle bereitet, blieb leer. Sie fanden keinen Ansatzpunkt und wollten nun wirklich aufgeben, bis Folgendes geschah:

Die Enkelkinder waren zu Besuch und hatten ihre kleinen Badeenten mitgebracht. Diese füllten sie mit Wasser und spritzten sich damit im Planschbecken gegenseitig nass. Ist das Wasser verspritzt, quietschen diese Enten. Ein heller, schriller Ton. Der Dobermann war nicht mehr zu halten. Wie von Sinnen flüchtete er ins Haus und versteckte sich. Dieses Treiben hatte, zum Glück, einer der Hundehalter beobachtet und sofort eine Idee entwickelt.

Er besorgte sich Quietscheenten und bewaffnete sich mit Möhrenscheiben. So ausgerüstet ging es in den Wald. Dort angekommen, hechtete der Hund wie immer sofort aus dem Auto und wollte, mit der Nase nach unten, lostürmen. Sofort erfolgte die Information „Fehler“, die der Hund bis jetzt noch nicht kannte, gefolgt von einem Entenquietscher. Es funktionierte. Der große Hund kehrte sofort zu seinem Halter zurück, denn es war ja im Wald kein Haus vorhanden, in das er hätte flüchten können. Daraufhin erhielt er sofort seine Information für „richtig“, gefolgt von einer Möhrenscheibe und viel Lob. Der Mann setzte seinen Waldspaziergang fort und wiederholte diesen Ablauf noch dreimal. Der Hund lief an seiner Seite durch den Wald.

Bei der Ankunft zu Hause zeigte der Mann wieder genau das gleiche Verhalten. Quietscher und Möhre. Der Hund versuchte in Folge noch einmal wie wild durch den Garten zu jagen. Es waren an strategischen Punkten Enten und Möhren platziert. Eine kurze

Information für „Fehler", ein Quietscher und Möhre. Fertig. Es gab keine Versuche mehr, alles zu verfolgen was sich rund um das Grundstück bewegte. Dieses Verständnis versetzte die Menschen jetzt in die Lage, auch alle anderen Schritte in Angriff zu nehmen, die der Hund dankend annahm. Ergänzt um eine neue Beschäftigung, die allen große Freude machte, entwickelte sich schnell ein ganz neues Miteinander. Das war vor drei Jahren. Bis heute habe ich nichts Negatives mehr von diesem Team gehört und der Hund lebt noch mit seiner Familie zusammen. Was ich dir damit zeigen möchte, ist, dass es wirklich um die Individualität deines Hundes geht und um seine Bewertung. Ganz viele andere Hunde hätten bei so einem Quietscher vielleicht anders reagiert. Für den Dobermann war dieses Geräusch hingegen in höchstem Maß unangenehm und er versuchte, es zu vermindern. Auch die Möhre war für mich ein Wunder. Dafür hat er Wiener, Käse und alle Dinge, die andere Hunde liebend gern futtern, in der Ecke liegen gelassen.

So kann es gehen und über die Dauer der Zeit war dann weder ständig Möhre noch ständig Ente nötig. Seine Menschen waren jetzt auf Platz eins gerutscht und in der Lage, zum Wohle aller, ihren Hund sicher durch die Welt zu führen. Ein schönes Ende.

CLIX

DAS HAUS-PROGRAMM

ALLES BEGINNT BEI DIR ZU HAUSE.
Gerade bei zwei Hunden ein großes Thema.

Die Hausordnung

Schon in deinen eigenen Wänden kannst du viel tun, was deinem Hund eine große Planungssicherheit vermittelt. Hier lenkt dich auch nichts und niemand ab. Du kannst ganz du selbst sein, total authentisch.

Schau einmal, wie viele Liegeplätze dein Hund hat. Damit meine ich konkret diejenigen Plätze, an denen er sich wirklich länger ausruht; vergleichbar damit ist unser Bett. Und wie viele Plätze sind es bei dir? Oft erfahre ich in den Anamnesegesprächen, dass da tatsächlich drei und mehr zur Verfügung stehen, aus denen der Hund frei auswählen kann. Meist werden diese nicht genutzt und er liegt irgendwo rum, zum Beispiel auf dem Sessel. Mach doch mal einen Test und notiere eine Woche lang, wo dein Hund sich hinlegt, wenn er frei wählen kann. Schnell kristallisiert sich dann heraus, dass die überwiegende Anzahl der Kissen, Körbchen und Decken nicht genutzt wird. Diese würde ich abrüsten und dem Hund einen Wohlfühlplatz einrichten. An diesem Platz gilt dann aber auch: nicht anfassen, nicht ansprechen, nicht anschauen, wenn er sich dahin zurückgezogen hat. Genau diesen Platz würde ich als Komfortzone installieren. Hunden gibt das schnell Sicherheit und sie ziehen sich dahin zurück, wenn es ihnen einmal wirklich zu viel ist und sie ihre Ruhe brauchen. Zudem gibt es damit nun einen eindeutigen Platz, an den auch du deinen Hund hinschicken kannst. Dazu musst du ihm nur noch eine Vokabel erklären und nicht verschiedene Plätze, die alle einen anderen Namen tragen, was oft zu Verwechslungen führt.

HUNDEERZIEHUNG MIT DER HAUSLEINE

Ein kleines Stück Strick

Zieht ein junger Hund bei dir ein, gibt es viel Gewusel im Haus. Möchtest du jetzt ein Spiel beenden oder mal für etwas Ruhe sorgen, die der kleine Kerl so dringend braucht, ist er schnell unter der Couch verschwunden und veranstaltet von dort aus mit dir ein lustiges Fangspiel.
Auch wenn ein älterer Hund einzieht oder du mit einer Umerziehung startest, ist es möglich, dass der Hund seine eigenen Ideen hat, wie er sich in deiner Wohnung verhält und mit deinem Hausrat umgeht. Diese Ideen passen selten zu deinen Vorstellungen, und die neue, von deinem Hund „gestaltete" Wohnungsdekoration kann durchaus kreativ sein, belastet jedoch deinen Geldbeutel.

Was nun?

In solchen Fällen folge immer einer einfachen Regel: Beginne nie mit einer Handlung, wenn du diese nicht bis zum Ende umsetzen kannst. Dann geht diese Runde an deinen Hund und er hat etwas fürs Leben gelernt. Meist ist das jedoch nicht das, was dein Ziel war. Stiehlt er dir zum Beispiel einen Schuh und du möchtest ihm erklären, dass das tabu ist, dann darf er mit dieser Handlung keinen Erfolg haben. Erfolg kann für ihn dabei schon bedeuten, dass du ihm in dieser Situation Beachtung schenkst, und es steigert sich noch, wenn er daran Freude empfindet, mit deinem Schuh durch die Wohnung zu laufen und mit dir eine schöne Jagd zu veranstalten.
Der kleine Hund ist dabei meist sehr flink und wendig. Dazu reagiert er, wie es seiner Natur entspringt. Blitzschnell, kompromisslos und ohne Diskussionen. Der Einzige, der dann anfängt zu diskutieren, ist der Mensch: „Nein, lass das, aus, pfui, du böser Hund!" Der Haken daran: Unsere Lautsprache sagt ihm natürlich nichts und er lernt weiter, dass diese Begrifflichkeiten für ihn keine Folgen haben.

In der Wohnung sollte Ruhe herrschen und der Hund sich erholen.

Die Lösung

Ich empfehle dir immer, am Hund eine Hausleine zu befestigen. Eine Hausleine ist ein dünnes Stück Strick oder Bindfaden von 1,5 bis 2 Meter Länge. Befestige es an einem leichten Halsband. Diese Leine hat keine Ösen, Ringe oder Karabiner. Am Ende machst du nur einen Knoten rein, damit der Strick nicht ausfranst und du ihn auch sicher halten kannst, ohne dass er dir durch die Hand rutscht.
Sollte der Hund jetzt eine Handlung starten, die nicht zu deinen Vorstellungen passt, dann blockiere ihn im ersten Schritt über die Leine. Stell dich einfach auf die Leine oder nimm sie in die Hand. Erst danach startest du die Kommunikation und Wissensvermittlung mit deinem Hund. Nun kann er sich dir nicht mehr mit Flucht entziehen, sondern muss sich mit dir und der Situation auseinandersetzen. Auch jetzt wird er etwas lernen. Sind deine Handlungen nun eindeutig, ist die Chance viel größer, dass er wirklich das lernt, was dir am Herzen liegt. Das schafft schnell Ruhe, bringt viel Klarheit und Entspannung.

Vertrauenszone

Die Hausleine bietet darüber hinaus noch eine weitere wunderbare Möglichkeit, denn du wirst in der Nähe deines Hundes nicht übergriffig, das heißt, dass du deinen Hund nicht ins Fell greifst und ihn so unangenehm berührst. Das passiert schon mal schnell im Eifer des Gefechts, wenn er deine neuen teuren Schuhe mit seinen spitzen Zähnen in der Mache hat. Da du ihn über die Hausleine blockieren kannst, kannst du auch viel ruhiger argumentieren. In deiner Nähe sollte es immer schön sein, und das größte Lob, gerade für den jungen Hund, bist du selbst. Wenn du dich ihm also zuwendest, muss das immer wohlige Gefühle in ihm auslösen. Das ist nicht der Fall, wenn du ständig in seiner Nähe bist und ihn dadurch körperlich blockierst. Sei dabei wirklich immer wachsam und fair zu deinem Hund. Das ist wichtig.

Hunde entdecken die Welt nun mal auch mit ihrem Fang und nicht nur mit ihrer Nase. Das ist ganz normal und dein Hund macht da keinen Fehler. Es steht jedoch in deiner Macht, ihm schnell zu vermitteln, in welchen Situationen das gewünscht ist und in welchen nicht.

Ein nützlicher Strick

Die Hausleine bietet noch viele andere Möglichkeiten, die dich dabei unterstützen, mit deinem Hund ruhig und klar zu agieren. Zum Beispiel:

- beim Lernen, allein zu bleiben
- bei Hunden, die zu Hause nicht zur Ruhe finden
- bei unsicheren Hunden
- wenn Hunde immer wieder Meideverhalten zeigen
- wenn du Grenzen etablieren möchtest
- wenn der Hund nicht in bestimmte Räume soll

Hunde lieben Schuhe. Warum nur?

Flucht ist keine Option. Die Hausleine hilft dabei.

- wenn der Hund nicht ins Bett oder auf die Couch soll oder das nur nach Aufforderung
- bei der Begrüßung von Besuchern
- wenn der Hund ständig in der Wohnung bellt

In all diesen Situationen kannst du deinen Hund mit einer Hausleine sehr gut unterstützen, schneller die richtige Lösung zu finden. Hat er das Verhalten dann verinnerlicht, ist diese Leine nicht mehr nötig. Auch im Garten oder wenn ihr gemeinsam jemanden besucht, wird diese Hausleine schnell dein Freund werden und ein unverzichtbares Hilfsmittel in der Wissensvermittlung.

Fazit

Bring dich nur in Situationen ein, die du bis zum Erfolg mit deinem Hund besprechen kannst. Die Hausleine wird dich dabei bestens unterstützen. Dein Hund darf nichts meiden, nicht angreifen und auch nicht passiv werden oder gar in die Unterwürfigkeit flüchten. Er muss seine Lösung finden und dir dazu immer ein Angebot unterbreiten. Dieses Angebot kann, aber muss noch nicht die Lösung sein. Bist du lerntheoretisch gut aufgestellt, hast also das Wissen des WAS verinnerlicht, kannst du dein individuelles WIE jetzt ganz souverän umsetzen. Du wirst deine Hausleine lieben! Eine einfache und wertvolle Hilfe.

Drinnen und draußen – der große Unterschied

„Eigentlich habe ich einen ganz lieben Hund, eigentlich! Also, im Haus ist er ganz toll, nur draußen hört er nicht auf mich. Aber drinnen ist alles wunderbar."

So oder so ähnlich beginnen viele meiner Gespräche mit Hundehaltern zum Start in einen Veränderungsprozess. Warum ist das so und was kannst du sofort ändern?

DRINNEN

Im Haus fühlst du dich wohl, da bist du sicher. Alle Grenzen sind dir bekannt und gut sichtbar. Deine innere Haltung ist erstaunlich klar. Es gibt auch kein Gegenüber (Besucher ausgeschlossen), vor dem du dich im Umgang mit deinem Hund rechtfertigen musst. Du musst nichts darstellen, keinem etwas beweisen und deine Außenwirkung ist dir völlig egal. Du bist, wie du bist! Authentisch! Einfach du – glaubwürdig, unverwechselbar, ehrlich.

1

DRAUSSEN

Geht es jetzt vor die Tür, beginnen die Unklarheiten schon an der ersten Schwelle. Du veränderst dich. Deine innere Ruhe weicht, du bist nicht mehr klar, nicht mehr eindeutig. In aller Regel schaust du jetzt sehr viel nach deinem Hund und willst sehr viel kontrollieren. Vielleicht fühlst du dich auch beobachtet von den Menschen, die euch begegnen, und von anderen Hundehaltern. Dein Überwachungssystem läuft auf Hochtouren. Die Bewertungen aus vorherigen Erlebnissen mit deinem Hund sind plötzlich sehr präsent und du kannst förmlich spüren, was als Nächstes passiert. Dadurch verändert sich deine Körperspannung, deine Mimik, dein Geruch, dein Herzschlag, und alle deine Sinne sind hellwach. Das bleibt deinem Hund nicht lange verborgen, alles überträgt sich und auch seine Sinne sind sofort angeschaltet. Auch seine Körperspannung ändert sich, er orientiert sich blitzschnell an äußeren Einflüssen und ihr verliert den Kontakt zueinander. Eure schöne Verbindung reißt ab!

1 Geht es jetzt los? Ich bin soweit.

2 Der Mensch ist der Mittelpunkt, auch in der Natur.

2

Verhinderung durch Überlegenheit

In der Folge erlebe ich Hundehalter, die ihren Hund jetzt hauptsächlich durch die Welt führen, indem sie seine Handlungen verhindern. Dabei wird oft die Überlegenheit an Kraft ausgespielt und der Hund nur blockiert, wodurch er an der Leine zieht und zerrt. Wäre der Hund nicht an der Leine, wäre er weg. Doch gerade dieser Zug und Druck erzeugen immer Gegenzug und Gegendruck. Dieser Oppositionsreflex, der somit im Hund erzeugt wird und den ich dir in diesem Buch schon ausführlich beschrieben habe, bringt euch weiter auseinander. Beende dieses Tauziehen und rede dir solche Situationen nicht länger schön: „Er will nur mal Hallo sagen; er ist noch so jung; er muss auch mal spielen; jetzt hat er wieder seine fünf Minuten."

Ein hohes Maß an Freizeit ist wunderbar.

Verständnis

So wird dein Hund keine Chance bekommen zu verstehen, was du von ihm möchtest. Vielmehr wird er sich seinem Schicksal ergeben und glauben, dass alles so sein muss. Er wird sich noch mehr in die Leine legen und es entsteht eine Krafteinwirkung auf den Hundehals oder den Brustkorb, die schnell ein Vielfaches seines Körpergewichts beträgt. In aller Regel passt er sich an, indem er sich daran gewöhnt, noch stärker zieht und seine Aufmerksamkeit immer weiter von dir weg nach außen richtet.

NIMM DAS DRINNEN MIT NACH DRAUSSEN

Geh mal wieder raus, nur um draußen zu sein, und trenne dich vom Gedanken, ständig ein Ziel zu haben. Auch die Zeit und der Weg sind nicht mehr wichtig. Wichtig ist nur die Gemeinsamkeit mit deinem Hund. Draußen! Lass den Hund den Kontakt zu dir suchen, so wie er es drinnen auch häufig tut. Lobe ihn viel dafür und wertschätze alle Angebote, die er dir macht. Diese Wertschätzung muss ehrlich sein. Streichle und huschle ihn viel, so wie du das drinnen auch regelmäßig tust. Nimm dir viel Zeit dafür. Hetze nicht mehr durch die Welt und arbeite keinen „Gassiplan" ab. Stelle dich nur Situationen, die du mit deinem Hund gemeinsam meistern kannst. Steigere diese Situationen langsam und lass den Kontakt zu deinem Hund dabei nicht abreißen. Entlasse ihn nicht aus der Gemeinsamkeit. Dazu gehört es immer, eine Entscheidung zu treffen – entweder für deinen Hund oder für etwas anderes, zum Beispiel wenn ihr auf andere Menschen und Hunde trefft. Beende immer zuerst den Dialog mit deinem Hund, in dem du dich gerade befindest. Bitte dein Gegenüber, das zu akzeptieren, und vermittle ihm das auch ganz freundlich und eindeutig: „Warte bitte einen Moment, ich bin gleich für dich da." Diese kurze Ansprache gibt auch deinem Gegenüber schnell absolute Handlungsklarheit und Wertschätzung. Damit sorgst du dafür, dass du deinen Hund in dieser Situation noch ansprechen kannst. Im Anschluss kannst du dich dann dem menschlichen Sozialkontakt zuwenden.

Fazit

Entspanne dich draußen, indem du dich nur in Situationen begibst, bei denen der Weg das Ziel ist. Trenne dich zeitweise von allen Zielen. Du musst nicht immer dieselbe Strecke gehen, nicht immer die vorgegebene Zeit und nicht immer das gleiche Programm abspulen. Nimm dir draußen vielmehr genug Zeit für ein liebevolles und ruhiges Miteinander und bleibe immer so lange im Dialog mit deinem Hund, wie ihr beide das braucht.

Eine Vertrauensperson, an der sich der Hund gern orientiert.

»Mach dein Draußen ab sofort zum neuen Drinnen!«

Und genau da setzt die 5er-Basis an, die dich befähigt, gelassen und in Harmonie auch draußen mit deinem Hund durch die Welt zu kommen. Denn du hast doch bestimmt einen Hund, damit du mit ihm die Natur erleben kannst und dich der Ursprünglichkeit wieder etwas mehr verbunden fühlst, oder?

HILFS-MITTEL –

DIE WUNDER-
WAFFEN

Welche Hilfsmittel sind in der Hundeerziehung sinnvoll?

Wenn Hunde Fehlverhalten zeigen, wird schnell in die Trickkiste mit den kleinen Helferlein gegriffen. Der Markt dafür ist groß und so gibt es für jede Auffälligkeit eine technische Lösung, die „sofortige Linderung" verspricht.

Aus meiner Sicht ist dieser Weg nicht zielführend, denn er wird dich in der Beziehung zu deinem Hund nicht nachhaltig unterstützen können. Beziehung ist gleich Kommunikation, und diese sollte nur auf direktem Weg von Mensch zu Hund stattfinden.

DER FLUCH DER LEINE

Schon das meistgenutzte Hilfsmittel, die Leine, wird sonst schnell zum Fluch: Kommunikation findet dann oft nicht mehr statt, dagegen wird nur noch aus der Hilflosigkeit heraus mit Begrenzung argumentiert. Das erzeugt Spannung in der Beziehung, die

Technik, die begeistert? Was der Markt da so alles bietet.

»Situativ können Hilfsmittel eine Brücke bauen, damit der Hund seinen Menschen wieder wahrnimmt. Sie sollten aber nie zwischen Mensch und Hund stehen.«

sich sofort auch in der gespannten Leine zeigt. Aber gerade diese Leine muss dem Hund Sicherheit bieten, ist er durch sie doch in seinen Handlungsmöglichkeiten sehr eingeschränkt. Keine seiner Antwortmöglichkeiten, Flucht – Angriff – Beschwichtigung, kann er vollumfänglich ausspielen, er ist auf deine sichere und kompetente Führung angewiesen. Daher nutze ich die Leine nur als Absicherung in der Lernphase. Sie erfüllt quasi die Funktion eines Sicherheitsgurtes für den Hund, in den er nicht so oft hineinfallen sollte.

Kleiner Hund, großes Herz. Hilfsmittel unnötig!

IST ES DAS, WAS DU WIRKLICH WILLST?

Weiterhin erkennt dein Hund alle Hilfsmittel sehr schnell als klassische Elemente, was bedeutet: Fehlt das Element, ändert sich das Verhalten. Fehlt also die Wasserflasche (die begrenzt) oder fehlt das Futter (das lobt), wird dein Hund schon mal wieder ein ganz anderes Verhalten zeigen. Empfiehlt dir jemand diese Hilfsmittel (wie Wasserflasche, Sprühhalsband oder Trainingsdisc usw.) bzw. werden sie bei deinem Hund eingesetzt, stell dir einfach einmal folgende Frage: Wie fühlst du dich damit? Gerade weil

Ein schönes Bild. Mensch und Hund in Harmonie.

der Einsatz dieser Hilfsmittel dem Menschen häufig Unbehagen bereitet, erlebe ich oft, dass sie halbherzig eingesetzt werden. Die Wirkung des Hilfsmittels verpufft und verbrennt dann von Einsatz zu Einsatz immer mehr – bis zur völligen Bedeutungslosigkeit.
Vielmehr sollten daher das Verstehen der Motivprogramme deines Hundes sowie das Begreifen der lerntheoretischen Zusammenhänge im Vordergrund stehen. Im Zusammenspiel mit deiner ganz klaren Zieldefinition (Was willst du genau?) kannst du dadurch innerhalb eines Veränderungsprozesses in eine neue Beziehung eintauchen, die auch längerfristig Bestand hat. Wenn du dir darüber bewusst bist, WAS du tust, kannst du dies sehr gut mit deinem individuellen WIE ausfüllen und damit zielgerichtet mit deinem Hund in Interaktion treten.

DU BIST DER MITTELPUNKT

Meiner Meinung nach stören in der Erziehung Hilfsmittel mehr, als sie nützen. Du als Vertrauensperson musst der Fels in der Brandung für deinen Hund sein und nicht die Rolle eines erdrückenden Diktators einnehmen. Sichere Führung heißt, Verantwortung zum Wohl deines Hundes zu übernehmen – gib diese Verantwortung nicht an kleine technische Helferlein ab. Es gibt keine Tricks und Kniffe, mit denen du deinen Hund durch unsere Welt führen kannst. Letzteres aber ist dein „Job“, und es gibt wirklich nur einen, der diese Aufgabe übernehmen kann– und das bist du. Du bist der Mittelpunkt im Leben deines Hundes. Mit diesem gestärkten Bewusstsein kannst du zum verlässlichen Partner für ihn werden.

AUSBILDUNGSHILFEN HABEN GUTE LEITFUNKTIONEN

Im Bereich der Ausbildung hingegen finde ich geschickt eingesetzte Hilfsmittel wunderbar und hilfreich, damit der Hund konfliktfrei neue Bewegungsabfolgen erlernen kann. Doch auch hier gilt es, den Einsatz mit Bedacht zu planen, denn das Ziel ist oft, später das Hilfsmittelchen kaum noch einzusetzen bzw. es komplett wegzulassen. Das erfordert bereits im Vorfeld eine gute Planung und viel Sachverstand. Das Weglassen des erhobenen Zeigefingers im Zusammenhang mit dem Signal zum Hinsetzen ist ein Beispiel für eine Hilfe, deren Einsatz gut durchdacht sein muss. Fehlen die gute Planung und auch der Fingerzeig, ist das Resultat absehbar: Der Hund wird sich nicht mehr hinsetzen.

FAZIT

Hilfsmittel in der Erziehung sollten so selten wie möglich eingesetzt werden. Aber der Einsatz zur kurzfristigen Stärkung deiner Person bei völlig aus dem Ruder gelaufenem Verhalten kann hilfreich sein, wenn das deinem Naturell wirklich entspricht und du damit für deinen Hund wieder sichtbar bzw. wahrnehmbar wirst. Der Einsatz sollte dich als Person unterstützen und es dir ermöglichen, wieder Beziehungsarbeit mit deinem Hund zu beginnen.
Als echte Vertrauensperson führst „nackt“ (das bedeutet ohne Hilfsmittel), bist deinem Hund gedanklich immer einen Schritt voraus und deine Hilfsmittel sind Herz und Verstand, dazu eine Leine, die gut in der Hand liegt und schnell in der Tasche verstaut ist, sowie ein gut sitzendes Halsband mit Schnalle. Das reicht, aus meiner Sicht, völlig aus – und du hast all diese Dinge immer dabei, wenn du mit deinem Hund unterwegs bist.
Du bist immer bei dir und bei deinem Hund – ein schönes Bild.

Meine beiden Hunde – so ein großes Glück!

SERVICE

Meine Leseempfehlungen

Diese Bücher werden dir einen echten Mehrwert bringen und dich auf deinem Weg zum Erfolg begleiten. Daraus kannst du weitere Dinge für dich mitnehmen, die sich für dich gut anfühlen, die für dich schlüssig sind und die bei deinem Hund gut ankommen.

Kai Hartmann

Anne Krüger – **Wenn Hunde lachen.** HarmoniLogie® – Kommunikationstraining für Mensch und Hund.

Ursula Löckenhoff – **Dogwalk.** Wie Hunde freudig folgen.

Günther Bloch – **Wölfisch für Hundehalter.** Von Alpha, Dominanz und anderen populären Irrtümern.

Dr. Udo Gansloßer – **Verhaltensbiologie für Hundetrainer.** Verhaltensweisen aus dem Tierreich verstehen und auf den Hund beziehen

Dr. Udo Gansloßer, Petra Krivy – **Verhaltensbiologie Hund – Praxisbuch.** Wie Rasse, Geschlecht, Aussehen und Alter das Verhalten beeinflussen.

Dr. Udo Gansloßer, Mechthild Käufer – **Auszeit auf Augenhöhe.** Mensch-Hund-Spiel: Kleiner Einsatz mit großer Wirkung

Nützliche Adressen

HTD – Hundetrainer Dresden
Kai Hartmann
Kipsdorfer Straße 80
01277 Dresden
Mail: info@hundetrainer-dd.de
www.hundetrainer-dd.de
www.facebook.com/hundetrainer.dresden/
www.instagram.com/hundetrainer_dresden/

Register

BILDNACHWEIS

105 Farbfotos wurden von Tobias Roetsch/Kosmos für dieses Buch aufgenommen.

Weitere Farbfotos von Anna Auerbach/Kosmos (3: Seite 103, 104, 105) und Verena Scholze/Kosmos (1: Seite 98/99).

IMPRESSUM

Umschlaggestaltung von GRAMISCI Editorialdesign, München unter Verwendung von einem Foto von Trio Bildarchiv/Aleksandra Kielreuter (U1) und Fotos von Tobias Roetsch/Kosmos (U4 und Umschlagklappen)

Mit 109 Farbfotos.

Gedruckt auf chlorfrei gebleichtem Papier

ISBN 978-3-440-16802-8
Redaktion: Ute-Kristin Schmalfuß
Gestaltungskonzept: GRAMISCI Editorialdesign (Cornelia Sekulin), München
Gestaltung und Satz: Atelier Krohmer, Dettingen/Erms
Produktion: Nina Renz
Druck und Bindung: Westermann Druck Zwickau GmbH, Zwickau
Printed in Germany / Imprimé en Allemagne

FSC
www.fsc.org
MIX
Papier aus verantwortungsvollen Quellen
FSC® C110508